高等艺术院校视觉传达设计专业教材

图形设计

（第二版）

魏 洁 著

中国建筑工业出版社

《高等艺术院校视觉传达设计专业教材》编委会

序

中国艺术设计教育进入了繁荣发展的关键时期，以发展的角度来看，艺术设计教育的早期知识构建及专业知识的传播功不可没。然而，传统的教学方法观念落后，内容陈旧，难以满足高度发展的社会需求。近年来许多院校及时调整了课程设置，完善了课程体系，在教学内容和教学方式上进行了大力改革，并出现了一些教学探索方面的教材和专著，这是一种非常好的现象。要知道艺术设计方面的教材在专业构建的早期可谓寥若晨星，之所以艺术设计专业没有"院编"教材的原因有多种，首先，不同的学校教学目标、办学层次不同；其次，艺术设计是与时俱进的专业，有不断更新补充内容以适应发展需求的特点；再次，艺术设计的创造性思维不同于理工学科，因为有着"艺术"的界定而使设计没有绝对的衡量标准。所以，长期以来艺术设计教育因校不同、因人而异，百家争鸣、百花齐放。

基于这些特点，也基于对设计教育现状的了解，规范性的教材难编写是显而易见的，无形之中对新编系列教材提出了较高的要求。

一个学校的办学思想是非常重要的，江南大学设计学院作为国内第一个明确以"设计"命名的学院，发展历经了50年，形成了自己独有的艺术设计教育理念，积累了科学的设计教育方法。依托设计学院近年所承担的国家级、省部级教学改革研究项目和国家级、省部级教学成果，以及省级"品牌"专业建设的成效，江南大学设计学院与中国建筑工业出版社共同策划并推出本套高等艺术院校视觉传达专业教材。教材以先进的教学理念指引，以前沿的意识更新知识的观念，解决目前艺术设计教育现实的难点。并运用创造性的突出实践、强调科学的设计方法，提出独创的设计训练；倡导专题化的教学，启发同学的创造力、想象力、思考力，与传统意义层面的教学相比较，在思考方式和设计方法上有了相对科学的提高。

本套教材召集了多位江南大学设计学院颇具人气的优秀青年教师，他们卓越创新的精神，丰富的教学经验，带给了这套教材全新的面貌。

教材建设是一个艰难辛苦的探索历程，书中的不足还恳请专家学者批评指正，也希望广大同学朋友通过学习与实践提出宝贵的意见。

感谢参与教材编纂的全体老师，感谢江南大学设计学院视觉传达系，特别感谢为本套教材提供鲜活案例的视觉传达系历届同学们。

江南大学设计学院
陈原川
2009 年 6 月于无锡太湖之滨

序

图形设计的概述与发展

图形设计的思维方法

图形设计的表达方法

本书的整理和写作，是著者基于现代图形设计的现状以及对如何将民族的图形元素结合于现代的设计之中、图形语言如何拓展外延、如何与其他各门类的设计紧密结合的研究，联系自身的认识和感受并通过具体的教学实践完成的。

本书的付诸出版，得到了中国建筑工业出版社的大力支持和帮助。同时，江南大学设计学院的有关领导和同仁也给予了大力帮助，江南大学设计学院视觉传达专业、广告学专业的同学为本书提供了相关图片，在此一并深表谢意。

图形设计的概述与发展

图形是信息传播的视觉图像形式。视觉形式的本质特性规定了图形是关于空间问题的艺术设计，其一切要素都依赖于空间而存在，并产生功能和美学的价值。在具有二维平面形式的图形设计中，空间是虚拟使用的，它实际在一定程度上含糊了空间与其他要素的真实关系，常常被理解为是形体余留下来的消极区域。空间概念本身是积极的，有创造性成分的意思，因而，空间反映了"物体之间的排列和并存关系"。这种排列、并存关系就图形设计来说，我们应理解为：画面为形与形、形体与自身结构、图与底、图与边等诸多关系的总和。因此，图形画面上各个要素的关系本质上都体现了空间关系。当图形设计师在画面上对其中形态的位置、轮廓、大小、方向等因素进行编排处理时，一个视觉的图形空间就同时形成了。这个空间除依靠设计师在平面上经营构架外，还要依靠观者对这个图形空间的视觉感应，进行再次创造，使其取得相互认同。

回顾一下视觉艺术的发展历史，我们便可以看到不同语言的时代特征。作为 21 世纪视觉传播的重要形式的图形设计，其画面构成的语言极其丰富，源远流长，根据艺术史按空间构成的类型划分，图形的形式应用大致经历了两个时期。

黑绘式安法拉 / 希腊 / 左
罗德斯岛的陶酒坛 / 希腊 / 右

陶瓶上的装饰图形如人物、鸟兽，按上下左右排成行列，各个形象之间界限森严，人物体量大小按画面需要或主次而定

在文艺复兴之前，这一时期对绘画和图形的处理方式是，根据主题意图将形象排列在没有纵深空间关系的纯粹平面之中。在这里，客观世界中沿纵深方向的前后层次关系，演化为在画面中作水平垂直、上下左右的平面层次排列关系，各层间互相避开重叠，形象之间即使有重叠也极力减弱空间的深度感。希腊陶瓶装饰图形如人物、鸟兽，按上下左右排成行列，各个形象之间界限森严，人物体量大小按画面需要或主次而定，器具人物避免重叠。中国宴乐铜壶上的图形还包括中国青铜器、陶器、漆器及埃及图案。这种空间样式，表现对象虽并不完整，但它是按人的主观安排处理，能使画面产生一种秩序美感。

文艺复兴时期开始到后期印象派时期为止，这段时期的空间应用被称之为远近透视。人们考虑的是如何把三维空间的客观世界转化为画面，能够引起人们产生真实深度感觉的画面。从文艺复兴开始，欧洲人应用透视学研究成果，在平面上用定向投影的焦点透视方法复制自然空间，使画面的空间形成逼真的错觉。焦点透视符合视网膜映像，有严格的数学系统依据，被认为是最科学的方法。达·芬奇的《最后的晚餐》中，室内顶棚、窗子、桌子等物象自身的平行线都以辐射状汇集于画面中心，引导观者视线移向画中的主要形象。这种透视的运用在获得纵深的同时突出了主人公，至此，空间的运用技巧达到了无懈可击的地步。但是这种空间处理方式在西方几百年的垄断中，把艺术活动束缚在逼真再现客观世界的基点上，使人满足于纵深空间自身的惟妙惟肖中，一定程度地忽视了艺术主体的创造性力量。同时，这种空间形式也体现了当时将分析性、精神性画法绝对化的倾向。

《最后的晚餐》/达·芬奇

认识图形的历程

在人类的发展过程中，语言的障碍给生活在地球上不同国家和民族的人们造成了交流的不便。思想的隔阂，也给不同文化背景的人们的相互沟通带来了阻碍。人类从原始社会开始，凭借着本能，从原始的体悟中把自然现象和对自然感悟所产生的心理印象，通过单纯的、象征性的图形表示出来，创造了用来表达精神、思想的视觉化图形，并逐步形成了稳定的图形样式。在原始社会，记录性的原始符号，基本上都是以图形的方式表现出来的。人们将要传达的信息和理念用图画的方法，刻画在自己生活处所周围的四壁、树皮和动物的毛皮上，起到记录事件和传播思想感情的作用。总之，原始的人类除了使用语言、声音、动作、表情以外，还使用各种原始符号来传达信息。因此，这类图形是最单纯、最原始的记录行为，也是图形用于视觉传达活动的最早开始。

图形的存在形式，虽可追溯到原始社会的符号化的图形，但"图形设计"在视觉传达设计中被独立地提出并成为一门学科还是近代的事情。造纸术的发明与改进使知识和信息的广泛传播成为可能，印刷术的出现又加快了视觉设计发展的步伐。大约在15世纪上半叶，德国人古登堡改进了中国人发明的活字印刷术，推出了铅活字印刷术，使得图形设计向大众传播迈出了重要的一步。发展到了19世纪中叶，由于新科学技术的发明，印刷术已由手工生产方式过渡到机械化、自动化的生产方式。印刷技

彩色槟榔树皮画 / 巴布亚新几内亚

STOP
AIDS

共生图形应用在标志设计中

3

术的改善，更新了图形设计的传播形式，在传播模式上产生了飞跃性的变化，图形的传播媒体也得到了发展。为适应广告宣传的需要，标志、插图、摄影、招贴、包装、样本等各种形式的图形被广泛地应用于商业活动中，图形设计步入了多元化发展的时期。

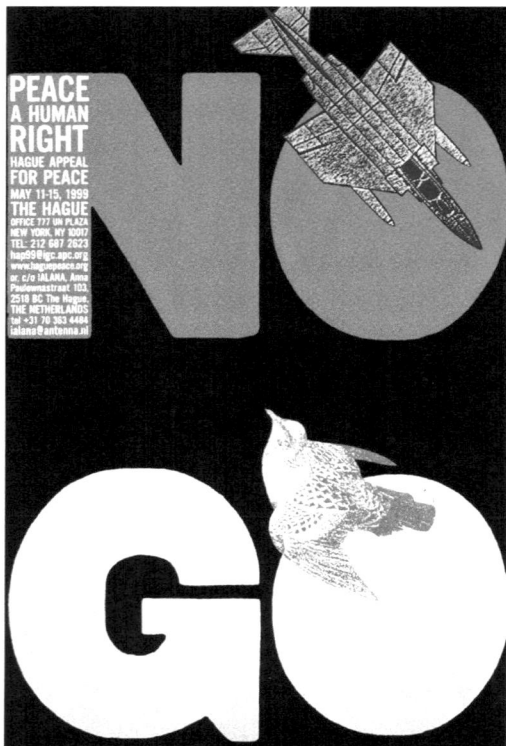

图形在招贴以及插图等形式中被广泛地应用

20世纪是以往任何一个时代都无法比拟的，各种艺术形式在反传统的基础上，呈现出千姿百态的景象。这些都给图形设计带来了想象上的思考和实践上的启示，图形设计在自觉的层次上步入了自由化的表现境地。设计师可以从不同的思维角度和心理趋向表现自己的设计观念，在实际的操作中，广泛借鉴和吸收各种艺术上的成果，使各种设计观念和设计方法得到更为广泛的拓展和应用。

我们可以从图形的设计观念上深深感受到现代艺术对于图形设计所产生的巨大影响。立体派艺术家用块面的结构关系分析物体，表现体面重叠、交错的美感，创造了一个独立于自然的艺术空间概念，主张同一个物体可以从不同的角度、多个视点进行观察分析，构成一个多维的组合空间，这种新的空间观念，开拓了图形设计思维的空间范畴。而未来主义艺术家则在现代工业科技的刺激下，用分解物体的方法来表现运动的场面和物体运动的感觉，改变了传统的静态表现方式，把三维空间的造型艺术引入到了四维的时空环境中，确立了时间和空间的造型新观念。图形设计受其影响，也已不再局限于静态的、程式化的模式，使静态的物体和动态的空间相互融合，形成了主观意念和时空组合的图形。此外，抽象主义对于改变传统的图形设计语言和表现方法提供了理论基础和实践的参照，创造出的抽象图形形式感强、单纯、简洁、明快，视觉特征富有装饰性和象征性，更易于体现时代精神，它是通过设计师的创作意识或完全以艺术家转移其想象力的能力来激发感觉的。最后，达达主义的出现则否定了传统的审美观念和艺术的造型方式，把偶然性、机遇性运用在艺术创造中，这对图形设计有了很大的启发。达达主义把许多表面上不相关的、荒诞的图形有意识地组合在一起，使人在不可思议之中，进入到荒诞的境地。在此影响之下，超现实主义也诞生了，它以超越现实的梦幻般思维方式和自然主义的绘画方法，把突破现实观念、现实观念与本能、潜意识和梦境相融合，进而达到一种超现实的境界。这种梦幻意识的出现又启迪了一大批图形设计家，因此，表现超现实的、怪诞的图形设计便应运而生。在此后的"后现代主义"时期，无论是艺术还是设计都更注重向多元化、个性化的方向发展，所有的这一切都给予了现代图形设计丰富的养分。

目前，在人类生活之中，时时刻刻都离不开图形信息，图形模式也正逐步成为一种全球性的传达模式。现代设计首先是着眼

个性化的图形表现

祭礼盾牌 / 巴布亚新几内亚南部

于视觉的，图形在现代设计中以其独具的魅力，在视觉设计的各个领域中反映出来。在视觉设计中既能传达信息，又能表达思想和观念的图形正越来越多地出现。设计师以自身多元化的知识结构和超常的艺术想象力创造各种风格的图形艺术。尤其是如今人类社会已经进入信息时代，图形设计的创造力更是进入了一个新的层面，追求个性表现，强调创意，注重图形的视觉冲击力，给人以崭新的视觉体验，成为现代图形设计普遍追求的表达方式。

人们的交流方式随着科技的进步而变化，图形创意经历了三次重大发展。

第一次重大发展起源于原始图形向文字的转化。随着人类社会的发展，人与人之间的交流日益频繁，原始图形已经不能适应这种需要，于是就产生了将原始图形简化而形成的一种新的符号——象形文字。文字的产生，标志着人类文明向新的发展阶段迈进了一步；同时，它又推动了人类社会向新文明领域的发展，把文字从图形的系列分离出来，并形成独特的系统，从而使人类找到了另一种能够比较准确而简便地传播信息的视觉传达方式。

第二次重大发展起源于造纸与印刷术的发明。这两项发明，都来自中国。它们的出现，使人类的信息传播得以在更大范围上，

纳拉母 · 辛石碑 / 两河流域

四神瓦当／新莽

更加广泛地进行。造纸术与印刷术的出现，促进了我国唐代至宋代文化领域的空前繁荣。书法、绘画艺术的成熟，剪纸、木刻、版画等民间艺术品的流传是我国古代图形的发展成果。造纸术与印刷术传入欧洲以后，促进了文艺复兴时期的到来，艺术性与科学性的结合是文艺复兴时期图形设计的重要特色，其杰出代表就是达·芬奇。印刷技术的进步，带来了图形创意的发展，特别是1870年平版印刷的改进，使图形创意作品获得更加精美的图像效果。

《山海经》是我国最早的一部有图有文的经典，也有人说，《山海经》是先有图、后有文的一部奇书。可惜的是，《山海经》的古图已在历史的烟尘中佚亡无存了。但曾经存在过的《山海经》古图，以及与《山海经》同时代的出土文物上的图画，开启了我国古代以图叙事的文化传统。

第三次重大发展起源于产业革命。19世纪席卷欧洲的产业革命

四眼青铜武士像 / 撒丁尼亚

以大机器生产代替了手工业生产，从而带动了设计事业的飞速发展。照相机、电影机的出现，为图形设计创造了新的条件，开拓了新的天地。1919 年在德国魏玛建立了现代设计的教学单位——包豪斯学院，提出了"艺术与技术统一"的口号，对现代设计事业产生了深远影响，使图形创意走上了现代的道路。随着生产力和商品经济的迅猛发展，社会信息量大幅度增加，作为视觉传播手段的现代图形创意也就应运而生并蓬勃地发展起来。

而今，人类社会正由工业化社会过渡到信息化社会，现代化的传播技术正突飞猛进地发展。图形创意已经成为大众传播的重要工具。图形能快速地被识别和理解，使不同国家、不同民族之间消除了语言、文字的隔阂，促进了全世界之间的交往，缩短了各地区之间的距离。

总之，图形艺术语言具有丰富的内涵和无穷的表现力，它作为视觉语言展示出的超现实性体现在：图形能将自然和非自然、理性和反理性的事物及观念糅合交织在一起。设计师发挥非凡的想象力和创造力，巧妙地利用人们司空见惯的事物稍加变化或重新组合，构筑出完全出人意料的形象。图形语言的这种魅力，是一种打破常规方式的矛盾组合，创造出了一种图形化的"空间"。同时这种生动有趣的新视觉语言给观者更大的联想"空间"，从新的角度认识事物，冲破原有的二维空间概念，使视觉设计走向三维乃至四维空间。强调空间意识、注重图形语言的视觉冲击力和幽默诙谐的表现手法，是备受设计师关注的问题。图形以其自身的优势被社会所重视，从而成为视觉传达设计中的主流。

以书为载体的图形表达，将二维空间拓展到三维

8

以盘子为载体的图形表达，将盘子的正反面由二维空间延展开来，并制造一种视觉上的矛盾

图形语言的发展

在现代图形创意迅速发展的时期，西方的现代绘画艺术也在广泛地发展着。同过去相比，20世纪绘画艺术中最有突破性的观点，是关于自然世界的再现。几个世纪前的西方绘画艺术，一般说来，具有许多诸如限制和停止的界限——将反映能见世界的形式，作为所有油画和雕塑的基础。艺术家们出于主观原因或在想象力的驱使下，时而以敏锐的观察，时而以有意的变形，利用人物、景物、花卉、动物等来满足其视觉上的需要。除了偶尔使用抽象手法以外，其他手法中，即使是非具象的，也能找到与客观世界的联系，这一特点，使得任何人都能欣赏一幅绘画、一尊雕塑，而不管你的理解是否同创作者的一样。在过去的历史中，欧洲的艺术已成为一种通用的表达方式，令人一目了然，人人皆可欣赏，人人都能理解画面的含义。可是，到了20世纪却不然！随着20世纪的到来，艺术家们在创作中越来越多地采用抽象手法，把对客观世界的反映加以变形和加工，并逐渐演化为一种不可逆转的趋势。这种手法，抛弃了将客观世界作为衡量视觉艺术坐标的信条，并导致了这样一种观念，即艺术属于美学的精华。艺术家们的愿望，是希望能找到一种"环球"艺术语言。所谓"环球"艺术语言，是指创立一种无地域、风俗限制，东西方人皆能领悟，无论教养优劣、受教育与否，无论聪敏者亦或迟钝者皆能欣赏的艺术。

剪纸/东北地区

舞蹈人纹彩陶盆 / 新石器时代

猪纹陶钵 / 新石器时代早期

褐绿彩云纹瓷罐 / 唐代

于是，这一追求产生出一个问题。人们不禁要问，既然艺术不表现世界可见的一面，那么，艺术究竟要表现什么呢？而现代艺术的发展，恰恰证明了它具有广阔的表现天地。至于艺术家为何不去表现具象世界，其中一个重要的因素，是因为在过去，艺术家是可见视觉形象的唯一反映者，而到了20世纪的今天，情况则发生了巨变。一方面可能和西方近代艺术在具象范围内已发展得非常充分有关，从文艺复兴到19世纪，它的艺术演进在具象范围内已达饱和程度，风格对立面的转化已反复循环多次，创新的余地越来越小，而表现技巧与史论见识却空前丰富，因此冲出具象艺术创作框框的压力与动力比任何时候都大。另一方面，西方社会在20世纪面临并一再经历的大动荡、大震撼，显然也是促成艺术大变化的背景。资本主义危机不断爆发，最后酿成两次世界大战，使人类遭逢前所未有的腥风血雨；工人阶级的斗争此起彼伏，社会主义苏联的建立和解体，以及两个阵营的冷战等，都使西方社会的集体心理始终处在种种愤激、悲观、偏颇、虚幻的情绪狂流中，它们最适于也只能在抽象艺术的主观表现中反映与发泄出来。与此同时，现代科技突飞猛进的大发展也对艺术提出了挑战，摄影的普及，电影、电视的推广以及新的电子技术的发明，已在一定程度上在许多方面发挥了以形象实录生活、反映现实的作用，更迫使艺术家向科技海滩的主观抽象领域迈进，与科技影像一争高下。从一定意义上说，以高科技、快节奏为主导的现代生活也要求某种迥异于传统的抽象艺术。绘画和雕塑需要寻找一个新的领域，寻找未知的或其他艺术家未曾探索过的新途径、新方法。

因此，诸如立体主义、野兽主义、机械主义、超现实主义、表现主义、未来主义、构成主义等，如雨后春笋般地纷纷出现。现代绘画艺术，不满足于传统艺术对客观世界的摹写，而是力图在艺术作品中反映艺术家自身的主观世界。这种创作思路与图形设计有许多契合之处，从而也给现代图形创意以程度不同的影响。

马格利特 / 比利时

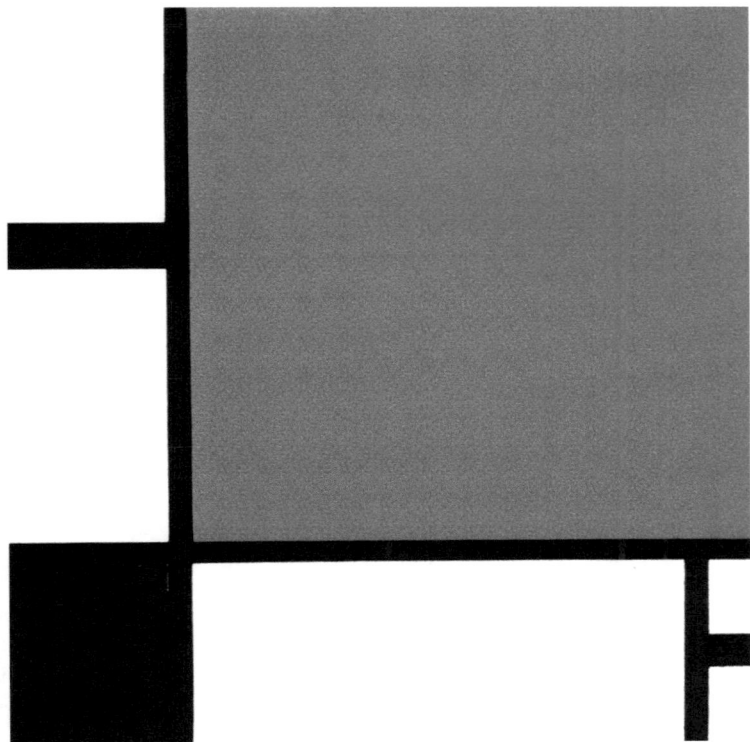

红黑黄蓝构成 / 蒙德里安 / 荷兰

表现手法的借鉴

以毕加索为代表的立体主义，是现代派艺术中影响最大的一个流派。立体主义画家主张，同一个物体可以从不同的角度以多个视点进行观察分析，并以观察所得的感觉，去构成一个有节奏感的、多维的组合空间。例如人物的头、鼻子或眼睛，可同时以正面和侧面的形象在一个画面里出现，用以反映画家对人物的主观印象。该流派提出了一个独立于客观世界的艺术空间的新概念，这个概念给图形的表现手法开拓了崭新的领域。以马蒂斯为代表的野兽主义，也是现代派艺术中颇具影响的一个流派，其突出的贡献是破除了传统造型理论对色彩的束缚。

"野兽"一词，特指色彩鲜明，不拘一格，不管客观事物的外观如何，自由地运用强烈的色彩，构成以抽象的色块和线条组合起来的图景。马蒂斯的绘画使用轮廓线造型，并抛弃了透视，利用色彩的对比与并用产生一种独特的感觉。野兽主义的艺术处理手法，特别是色彩的使用手法，为图形表现提供了借鉴。

抽象主义者把客观世界各种物体形状抽象化、简单化，而抛弃了客观世界各种物体具象的外壳，然后进一步把各种抽象的形体有机地组合成有节奏的、互相协调的、具有艺术韵味的图像。这种创作方式对于图形表现的影响是有积极意义的。

适形的图形表达

涂鸦墙即兴、自由的图形表达

12

涂鸦墙即兴、自由的图形表达方式，较好
地利用了周边的环境

狮子 / 山西 / 上左
狮子 / 山东高密 / 上右
狮子 / 陕西渭南 / 下左
狮子 / 陕西 / 下右

创意思维的启发

将条形码与牙刷头进行换置的图形设计

按照通常的观念只有现实生活是值得反映的，梦境与幻想则是不值得正视的。但许多超现实主义者的作品都具有弗洛伊德所形容的梦的特征，如互相矛盾事物的并置，两个或多个事物形象的浓缩，有象征意义的形象的运用等。因此，画面中呈现出的矛盾破坏了我们对所熟悉的事物的正常感知和理解，从而使我们突然意识到视觉表达的不真实性和对象的不确定性。不过，在另一个层次上，这里并没有矛盾，因为这一表面无关的并置或不合常理的呈现，却显现了另一不可辩驳的逻辑——事物的形象并不是真实的、可触知的物。这种对自然对应关系的否定和破坏，正是所有现代主义艺术家的创作所遵循的逻辑结构。他们通过画面所要达到的主要是一种震惊或震撼的效果，同时，还希望这种震惊或震撼的效果能够超出纯粹的"精神的骚动不安"，从而在社会道德和政治的层面上发挥一种颠覆作用。

《红模特》是马格利特以这种理念创作的最为著名的一幅作品。这幅作品描绘的是一双系带的靴子，其下部变形为一双脉络清晰的脚，"站"在一面木墙前的地上。画面中每一个细部都画得那样逼真。但是，是鞋的下端变成了脚呢，还是脚的上端变成了鞋呢？我们还是永远不会有答案。他将事物描绘得那样写实，

红模特 / 马格利特 / 比利时

抓鸡娃娃手挂钱 / 山西省吕梁

以至没有什么东西看上去是虚幻怪异的，他总是将一些我们所熟悉的东西转变为另一些我们同样很熟悉的东西。

事物之间没有表面相似，它们或有或没有内在相似。只有思维是表面相似的，它凭借着那使它所见、所听、所知的东西变得相似。它变成外部世界提供给它的东西的表面相似物，并用"内在相似"取代"表面相似"，从而使现实的形象转化为超现实的影像。答案来自叫作"同步性"的一种概念，将两个或多个分离的因素彼此联系在一起（并置），创作一种日常生活中所没有的新图像，并在以视觉语言探索和获取这一体验方面尤其引人注意。对于他们来说，绘画中的变形是通过将一种事物转换为另一种事物，一个躯体转换为另一个躯体，或一个躯体转化为一种事物等方式实现的，而变形作为超现实主义构图的最重要手法之一是基于超现实主义者关于现实具有不同的方面和层面这一思想之上的。

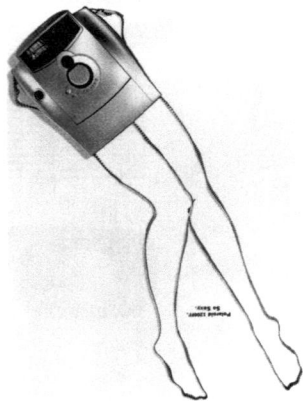

将相机的挂绳用肖形的手法换置成一双美腿，以迷你裙的概念显示相机的小巧

15

图形设计的思维方法

创造性思维的构成

在现代视觉设计中，图形的作用相当重要，它的用途十分广泛，创作手法也丰富多彩。图形的创意设计是一个复杂的思维过程，设计师要从创意图形的主题要求出发，通过联想和想象，找出那些在表层上看似独立而内在本质上又是彼此联系的视觉形象，再通过反复的思维活动进行分析和判断，选择最具代表性、最富寓意的形象，重新创造整合，设计出全新的图形。

根据图形创意的思维活动和形式，大致可包括以下几种方式：垂直思维、相关思维、扩散思维、反常思维。

■垂直思维

垂直思维，是一种直接的思维方式，它按一定的方向和路线，运用逻辑思维的方式，在固定的范畴内，向纵深进行垂直式思考。这种思维方式运用于图形创意，常表现为：当一个创意确定后，根据这一创意进行图形的设计，并在图形上进行纵深式的思考，或在此基础上运用逻辑思维的方法进行垂直的想象，使图形趋于完善。

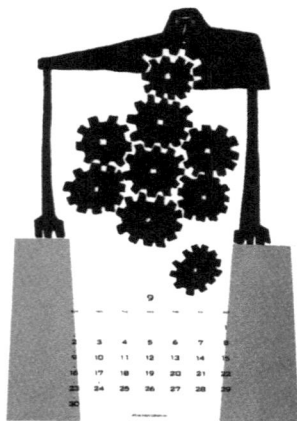

对于日历的纵深式的思考，运用逻辑的方法进行想象

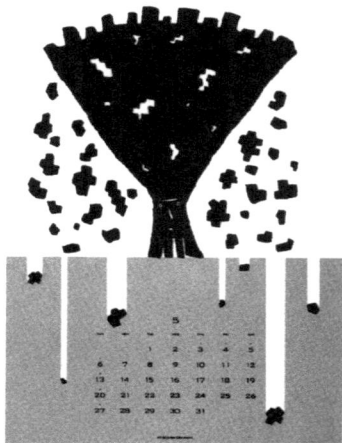

16

1

3

February

				1	2	3
4	5	6	7	8	9	10
11	12	13	14	15	16	17
18	19	20	21	22	23	24
25	26	27	28			

April

1	2	3	4	5	6	7
8	9	10	11	12	13	14
15	16	17	18	19	20	21
22	23	24	25	26	27	28
29	30					

日历牌的图形想象,运用了垂直思维的创意方式

对于日历的纵深式的思考，运用逻辑的方法进行想象

■相关思维

相关思维，是一种非连续式的，从事物对象的相关关系中寻找答案的侧向思考方式。它从各个突破口进行思考，是对垂直式思维的一种补充。在图形设计和创意的过程中，经常运用相关思维这种水平的思考方式，即对现有的假设提出新的观点看法，或是暂时停止某一方向的判断，而转换到另一角度去思考创作。

以不同的表现手法对最基础的元素进行表达，从而转换新的角度去思考创作

图形设计的思维方法　创造性思维的构成　垂直思维　相关思维

winston-salem symphony 2000/2001 season

Jazz Festival Willisau 2000 Aug 31-Sept 3

点、线、面的不同表现手法，给图形创意新的思维角度

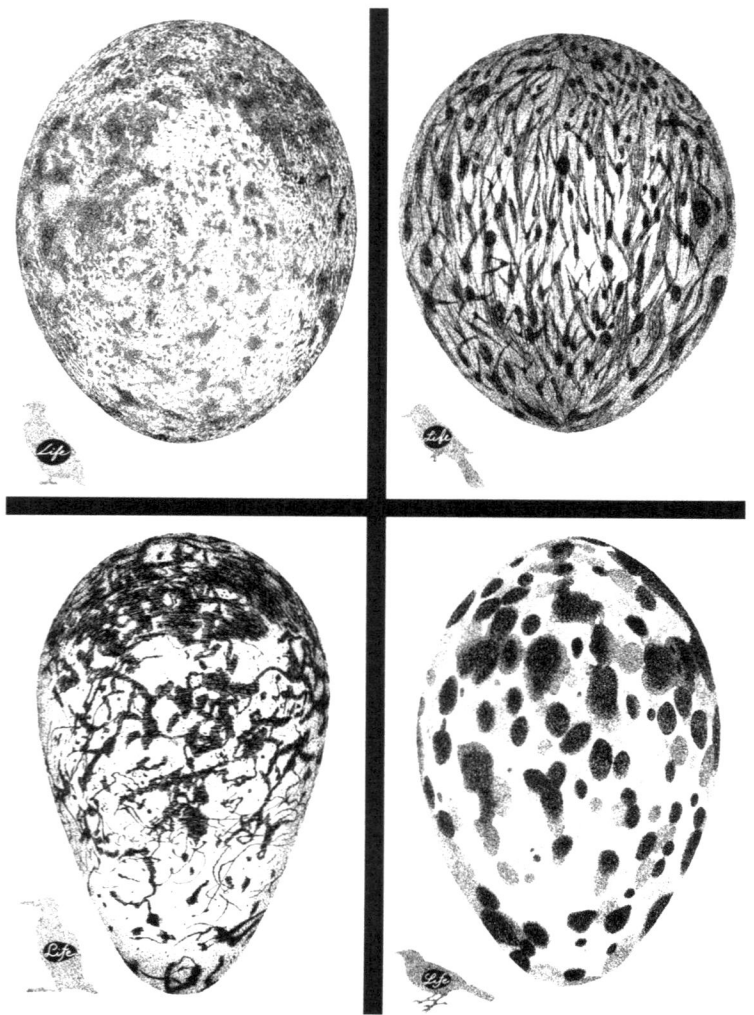

从事物对象的相关关系中，寻找答案的侧向思考方式

图形设计的思维方法　创造性思维的构成　相关思维　扩散思维

■扩散思维

扩散思维，又称为发散思维，它不是一种具体的思维方法，通常被人们理解为涵盖了多种思维方式的一种体系。它强调将思维过程中的"点"向相关方向进行多方面的辐射，从而形成思维的"面"，能够在较大的范围内进行思考，以获得更多的创新内容。它在具体的图形设计过程中，形成了一种思维习惯: 常表现为立足于原始的创作素材，运用多种思维方式，从多范畴、多角度进行更深层次的思考，提出创意的可能性、可行性，并加以对比、分析、改进、调整，从而得出完善的设计方案。

将思维过程中的"点"向相关方向进行多方面的辐射

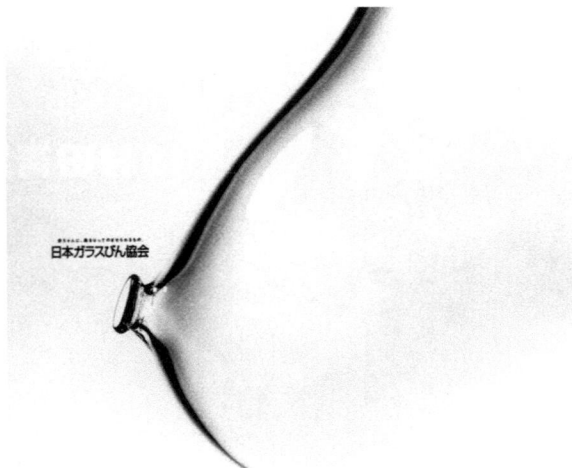

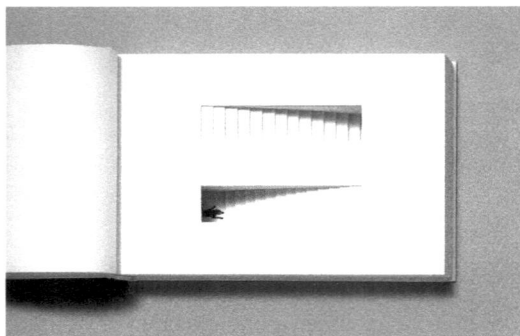

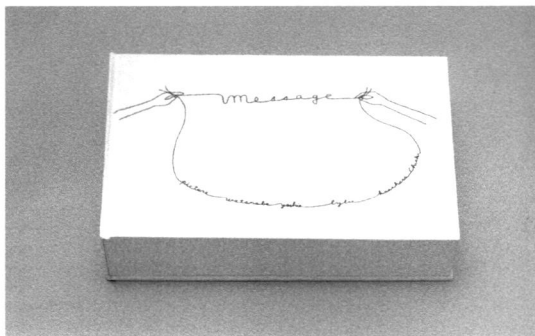

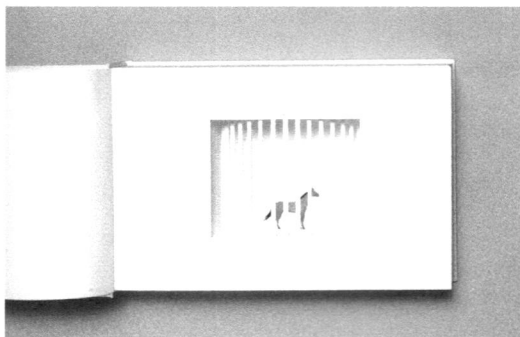

立体的表达方式使图形语言突破了二维的界限

图形设计的思维方法　创造性思维的构成　扩散思维　反常思维

■反常思维

"反常"在辞典中的解释是"与正常情况相反"。从视觉传播的角度看"反常",正面效应大于负面效应。其原因就是:反常能引起人们知觉的震惊。反常思维,是相对于以上提及的各种常规思维方式而言的,反常思维不是对常规思维逻辑的背叛,也不是反对思维的既定秩序,而是试图从相反的方面来认识事物,从思维的对立面去寻求新的思维方法,打破旧有的"思维定势",建立起一种新的思维方式。

在图形创意领域中,那些"反常的、不可能的"作品及种种超现实图形常受到广泛的重视。那些成功的图形设计作品,常常是用超出常理的构思,把人们从正常的视觉认识中解放出来,使人产生强烈的、全新的视觉感受。事实说明,反常引起的知觉震惊是视觉信息传播的有效手段之一。例如,埃舍尔的图形作品《画面的双手》,它所引发的人的视觉悖论,构筑了有别于传统的,而具有探索表现的新视觉思维方式。它给我们一种新的启示,新的视觉语言,使图形能够表现的创意范围更加宽广。

强烈、简洁的图形表现给人全新的视觉感受

画面的双手 / 埃舍尔

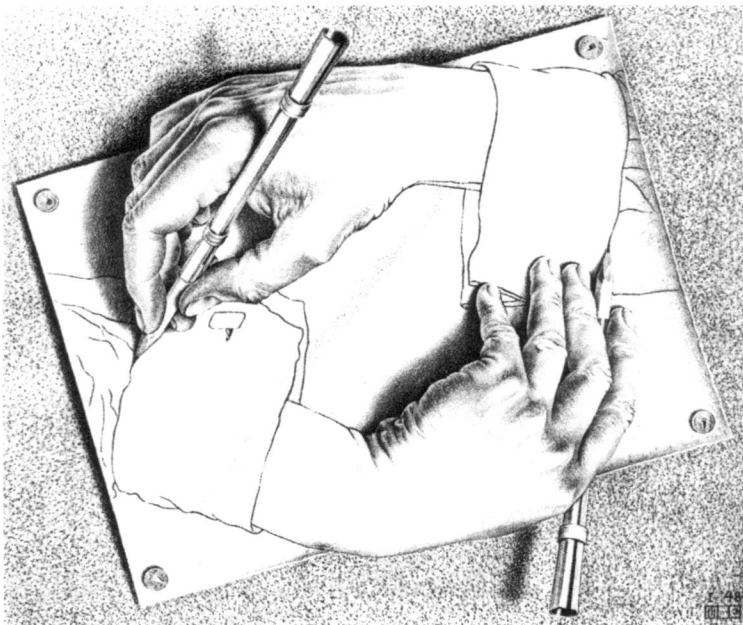

在图形创意设计的过程中，深入思考与创意相关的方面，找到创意的切入点，是图形创意的前提。在实践过程中，创意的切入点是十分多样的，以下介绍的几种方式是尝试着进行的归纳，希望能引起读者的共鸣。

尝试着多样的创意的切入点

图形设计的思维方法　创造性思维的构成　反常思维

以"破"的方式打破材质的原有状态，寻找新的质感表达

自然元素的发掘

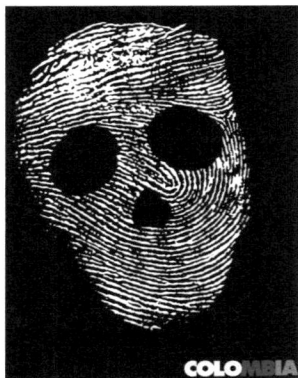

将指纹、铁丝网赋予人的面部这种自然元素的特质

在我们生活的自然世界中，有着各种各样的自然元素和组合方式，这些多样化自然元素及其组合方式，可以使我们从中获取许多创意的灵感。如：在某种元素组合形式的启发下，引发出设计兴趣和灵感，并从中发现、抽取有意义的视觉元素，作为图形中的基本元素，进行创意。或是把设计的元素赋予某种自然元素的特质，用多变的形式改变图形的属性关系，灵活地运作自然元素，我们便可以从中受到很多有益的启示。

图形设计的思维方法　自然元素的发掘　矛盾的运用

■矛盾的运用

互为矛盾对比的物象是十分多见的，如黑和白、实和虚、形和影等。在创意的过程中,有意识地改变矛盾的关系或矛盾的角度,从而改变人的视觉惯性,给人以新颖、奇特的视觉感受。也可以利用矛盾有意识地创造相悖的空间,形成一种矛盾的视觉感,或形成一种视错觉。

有意识地改变矛盾的关系或矛盾的角度,从而改变人的视觉惯性,给人以新颖、奇特的视觉感受

共生图形 / 八个头

■组合的方式

将不同的物象组合扭结在一起，可以获得一种新的图形样式和独特的视觉效果。运用这种方式，可以打破自然的局限，通过幻想、联想、想象达到意念上的一种转换。组合的方式除了可以将不同的物象结合起来，还可以采用改变原有物象组合结构的方法，来达到一种不同的视觉感受。

多角度地组合创造图形

28

■趣味的创造

趣味是人心理上的一种感受。图形创意中创作有趣的形式，可以激发人们精神上的快感和设计上的审美情趣，达到心理上的愉悦。图形设计中趣味的创造，一方面可以从自然现象中发现有幽默感的趣味中心，并通过创意把这种感觉表达出来，构成视觉趣味；另一方面可以通过打破自然空间的限定，在人为的改变中，用错位、重构等方法，形成具有趣味的图形创意。

换置同构图形 / 漫画 / 伊朗

倾听 / 霍尔戈 · 马蒂斯

民族元素的再设计

传统艺术中的优秀作品，是在历史的长河中经过不断洗礼的。这些作品在艺术上达到了较完美的境界，从中汲取营养精华，对我们进行图形创意是大有裨益的。同时，在对这些作品深刻认识的基础上，可以提取相关的设计元素进行二次设计。通过创意设计，一方面可以使图形从内容和形式上具有新意，另一方面又可以使图形借助于优秀传统艺术的文化价值，体现出创意上的文化底蕴和创作上的厚重感。例如，我们可以借助民间剪纸这一传统艺术造型和设计形式来进行创意，从而使传达的对象具备了这种传统民间艺术的审美价值和文化品位，同时又赋予其新的内涵，形成良好的视觉传达效果。

学生 / 谢萌萌 / 视传 0702/ 上
用剪纸表现现代年轻人服饰

范例 / 剪纸字

图形设计的思维方法 民族元素的再设计 思考与练习

■思考与练习

作业内容：为了加深对民族元素的理解，寻找民族元素中典型的表现手法或风格特点，结合现代素材加以表现。

作业要求：要求学生融会贯通，关注传统文化，并汲取其中的精华，将民族元素与现代设计紧密地结合起来。

用传统的剪纸表现了新时代的一些常见事物：轮滑、具有动感的篮球、世界知名的标志，表现了新时代的审美爱好及追求

大量汽车尾气的排放造成大气的污染，正以怪兽的形式吞噬我们的家园

学生 / 陈成 / 视传 0702/ 上
学生 / 寇杨杨 / 视传 0702/ 下

图形设计的思维方法　民族元素的再设计　思考与练习

学生 / 杨姣 / 广告 0802/ 左上
学生 / 梁润娟 / 广告 0802/ 右上
学生 / 姚亭如 / 广告 0802/ 下

拴马桩——中国北方石刻艺术品之中非常
有代表性的一种，通常为石制，大户人家
摆放在大门的两侧，成对状，也有成排的，
供来访者系马留缰之用。拴马桩的实际用
途就是拴马，但在中国北方农民的心里，
它又是富裕的象征，发财的标志。拴马桩
能大批保存下来，这种民俗心理是重要的
原因。要求学生用现代元素设计拴马桩，
挖掘现代人对这一传统物件的理解。

学生 / 杜萌萌 / 视传 0702/ 上
学生 / 李君慧 / 视传 0702/ 左下
学生 / 杜萌萌 / 视传 0702/ 右下

图形设计的思维方法　民族元素的再设计　思考与练习

学生 / 林竹韵 / 视传 0702/ 左上
学生 / 钟玥 / 视传 0702/ 中上
学生 / 钟玥 / 视传 0702/ 右上
学生 / 王媛媛 / 视传 0702/ 下

空间意识的创造

空间是渗透于各个领域的基本概念，图形创意中一些具有独特空间感的图形，会给人留下十分深刻的印象。运用空间的结构变异可以产生出不同的视觉感和心理效应，加强对设计中空间意识的培养，可以使设计师能够从多角度、多视点来进行创意，创造出多维化的设计。例如，可以对立体的物象运用平面设计的方法，进行图形创意。因此，空间意识的创造，对图形创意具有重要的意义和价值。

平面图形的空间表现

■思考与练习

作业内容：为了加强学生在设计中的空间意识的培养，使他们能够从多角度、多视点来进行创意，创造出多维化的设计，从图形创意的角度出发设计创意小产品。

作业要求：空间意识的培养，对图形创意具有重要的意义和价值。要求学生对立体的物象，运用平面设计的方法，进行创意。

创意小产品 /USB 接口设计
学生 / 钟玥 / 视传 0702/ 左上

创意小产品 / 鱼嘴邮箱设计
学生 / 杜萌萌 / 视传 0702/ 右上

创意小产品 / 烟灰缸设计
青蛙与蛇相遇象征危险，表明吸烟有害健康。
用可爱的小动物的爪子作烟灰缸，当人们向里面丢烟蒂的时候，会看到小动物那种瑟缩在那里的恐惧表情。
学生 / 李君慧 / 视传 0702/ 中

创意小产品 / 裁纸刀设计
学生 / 杜萌萌 / 视传 0702/ 下

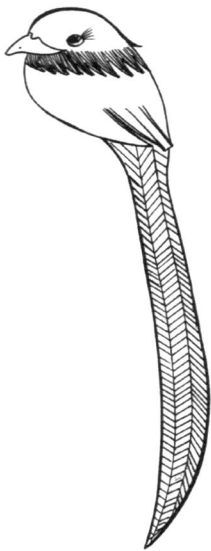

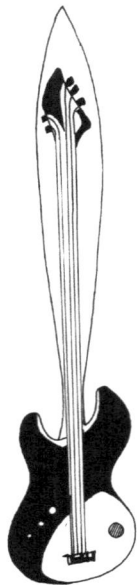

创意小产品 / 裁纸刀设计

学生 / 寇杨杨 / 上 1
学生 / 王嫒嫒 / 上 2、3
学生 / 高翔 / 上 4
学生 / 钟玥 / 下

图形设计的思维方法　空间意识的创造　思考与练习

创意小产品 / 手机充电托架设计

学生 / 林竹韵 / 上
学生 / 李君慧 / 下 1
学生 / 王凯 / 下 2、3

39

创意小产品 / 卷筒纸架设计

左页：
学生 / 陈成 / 上
学生 / 王凯 / 中 1
学生 / 钟玥 / 中 2
学生 / 杜萌萌 / 下 1、2

右页：
学生 / 董晨 / 上 1
学生 / 高翔 / 上 2
学生 / 陈成 / 中 1
学生 / 董晨 / 中 2
学生 / 钟玥 / 下 1
学生 / 林竹韵 / 下 2

图形设计的思维方法　空间意识的创造　思考与练习

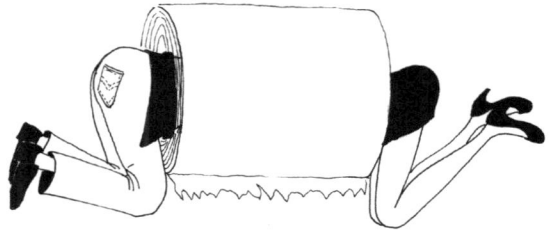

图形设计的表达方法

在现代图形设计中，各种视觉元素，包括抽象元素，都可以通过设计者的创意想象，运用各种手法构成全新视觉的图形。而创意想象能力是自由精神的产物，其本质没有固定的模式，创意表现手法也是丰富多样、十分灵活的。在此归纳几种常见的形式，略述如下：

联想

由一个事物推想到另一个事物的过程称为联想。在现实的生活中，每个人都会有各种各样连绵不绝的联想。心理学家把人的这种联想一般分为两类：因相似物体而产生的联想称为相似性联想；因连带性而产生的联想，称为连带性联想。同时，心理学家认为，相似性联想一般更具有创造性，而连带性联想则更有助于学习。

英国心理学家培因曾说："我们必须承认有一种倾向于创造及发明的能力，这种能力由于认出自然界内相离很远的两种事物是同一现象，因此凡是对于这一事件的知识可以立刻完全移用于那一件，因而构成一个新的启发神智的观念集体。富兰克林认

将手风琴的琴键想象成电脑的键盘

Touch!

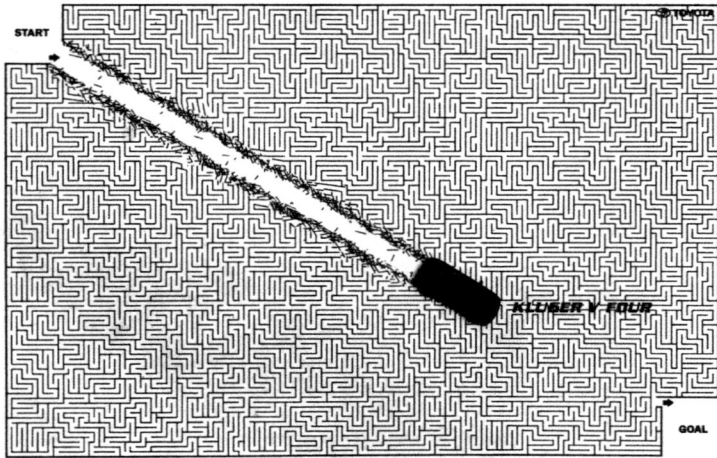

联想孕育着新的创意，没有联想就不可能
有想象的创造力

出实验室内的电与雷是同一种东西，结果就可以应用蓄电瓶的
道理去解释空中雷电现象了。在科学里、在美术里的创作，大
多数都需要创造者具有不管两件事物多么远、多么伪装、多么
会使人误认，仍然可以由相似的联想找到相似的创意这种能力。"
可以这么说，相似性联想孕育着新的创意，没有相似联想就不
可能有想象的创造力。相似性联想像一个从"此"通向"彼"
的灵感，把遥遥相距的相异事物相联系，找到它们之间的本质
共性，也就是源。客观事物之间是通过各种方式互相联系的，
这种"联系"，正是联想的桥梁，通过联想可以找出表面毫无关
系甚至相隔遥远的事物之间内在的关联性。就图形设计而言，

联想像一个广阔的心理范畴，各种视觉元素，可以通过联想加以变化、完善。现实中的形体通过想象可以交叉、融合、变异构成新的形象。联想在现代图形设计中有着不可忽视的作用，通过联想可以开拓创意思维，以新的深层的形象思维把某种对象转化为视觉语言，创造出内涵丰富的视觉形象。

根据图形设计的思维特色，将心理学上的相似性联想和连带性联想重新划分为象征性联想、相近联想、类比联想、因果联想和对比联想，则更有益于理解和运用。

将电话机的天线、听筒联想成 @ 符号，属于类比联想

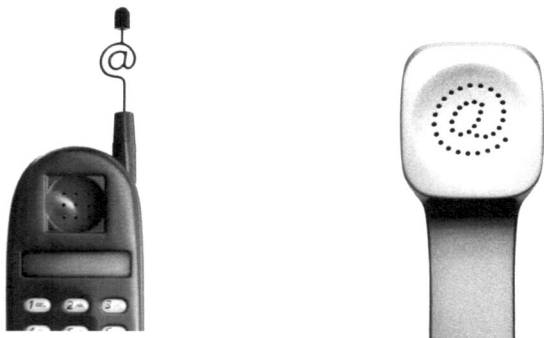

反战招贴 / 福田繁雄 / 日本
用简约的炮筒代替"战争"，斜对角线构图，反向射出的子弹，表明谁发动战争将自食恶果，形象鲜明给人留下深刻印象

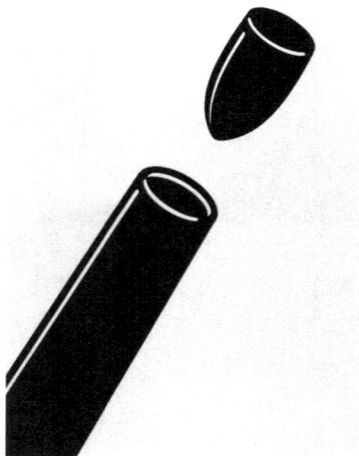

图形设计的表达方法　联想　象征性联想　相近联想

■象征性联想

图形设计表达的思想是抽象的、不可见的，以某种具有特定意
义的具体形象来表达，如以"橄榄枝"来象征和平。

■相近联想

在时空接近的环境中出现两种以上的对象，构成了相近联想，
如由蓝天会联想到白云。

现实中的形体通过想象交叉、融合、变异
构成新的形象

■类比联想

某些事物在造型上、表达内涵上有某种类似特点，如由圆形会联想到车轮、西瓜、地球等。

■因果联想

不同的对象之间具有某种因果关系，由起因会联想到结果，如由水资源的枯竭会联想到土地的干旱。

■对比联想

某些事物对象在造型上或表达内涵上是对立相反的，从这一事物就会联想到与其相反的方面，如由白天联想到黑夜。

各种不同方式的联想图形在现代商业设计中的表达 / 左页、右页

图形设计的表达方法　联想　类比联想　因果联想　对比联想

GRAVISION 2

TANNY AND KRISTIN SOMMESE PRESENT AN *ELECTRIFYING LIFE ENCOUNTER*: FRANKENVERSE OF THE POSITIVES AND NEGATIVES OF A MARRIED COUPLE WORKING TOGETHER AT PARTNERS IN L, THE **SOMMESE DESIGN** OFFICE AND RUNNING THE GRAPHIC DESIGN PROGRAM AT PENN STATE. WARTIK BUILDING, WEDNESDAY, NOVEMBER 3 AT 8:30 PM

*W*here
can
Nature
go?

Trees are all eyes.

想象

通过对事物对象的想象，能引发创新的意识。图形设计师通过想象，把图形的主题与各种有关的形象联系起来，把这些已积累的知觉材料经过加工改造，展开想象的翅膀，创造出全新的视觉形象。在想象的过程中，力求以形象思维找出事物对象之间的相似性与内在的关联性，都是以相似特征为出发点。可以进行无边无际的虚构和梦想，想得越远、越广阔、越多越好，尽量把看来似乎毫不相联的事物，找到它们之间相似的特征，把它们联结起来想象。在图形的想象过程中：一种是根据语言文字或原有的图形给予某种启示，在头脑中再造出相应的新视觉形象的想象过程，称之为再造想象。另一种是根据一定的任务、目的，在头脑中重新创造出新的视觉形象的想象过程，称之为创造想象。相对而言，创造想象比再造想象更加自由灵活，活动领域也更加宽广。想象是通向理想化的一座桥梁，想象力越丰富，设计的思路就越宽广，可以说想象是图形创意的原动力。

通过想象，对于同样的设计素材，可以产生多种创意角度 / 左页、右页

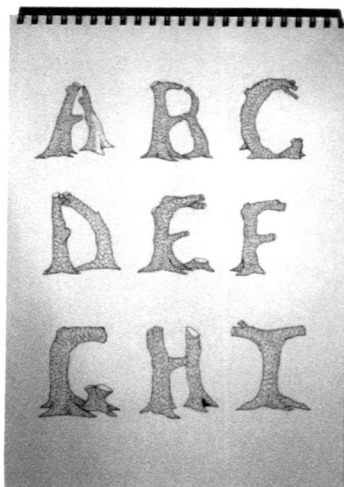

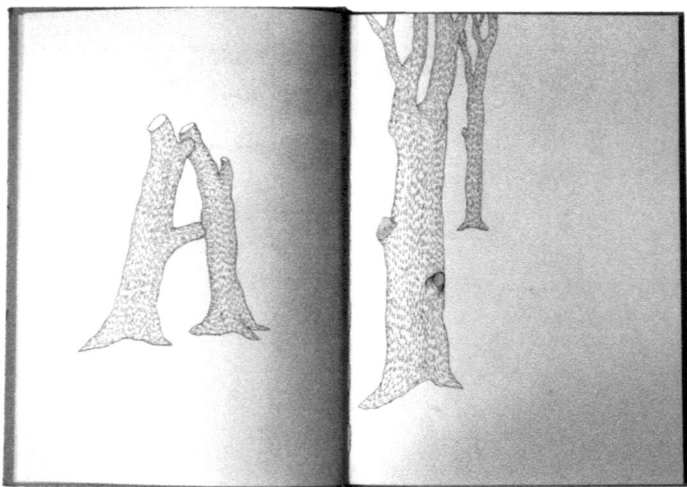

同构

将不同的形象素材整合成为新的形象,其中不同的形象素材之间有适合整合的共性,这种共性称为同构,即相同的构造。自然界中的一些物象,其内在的运动和变化具有某种相似的特征,人们通过这些物象内在的特质和共性,领略真实的自然。在图形设计中,设计师也是通过图形的形态内力作用及其相似性,抛开形态的表层,使观者领悟到它内在的含义。联想与同构是设计师在进行形象思维和想象的过程中必不可少的环节,它能够帮助设计师创造出具有丰富内涵的图形视觉语言。关于图形的同构,常见的有重象同构、变象同构、残象同构。

将中式线状古书与西洋乐谱同构

图形设计的表达方法　同构　重象同构

■重象同构

在图形设计的过程中，将几种不同的形象按照一定的内在联系与逻辑去相互重合、系统合成，从而构造出一个新的形象，使结构相交而成、形相合而生，产生出与原来完全不相同的新的视觉形象，称为重象同构。通过重象同构可以使分散的、毫无关联的物体之间产生出一定联系，并融合它们之间隐含的转换关系。重象同构在图形设计中的基本方式在于，通过形体之间的互相重合、互借互用、互生互长，形成一个统一的整体，并使得图形的各部分之间相互关联、相互转化，从而有效、恰当、完美地重新组合形象，创造出表达新意境的重象同构的图形。重象同构绝不是凭空偶然产生出来的，而是在特定的限制中，借助视觉的经验和观念的意识，通过联想，进行逻辑思维和想象思维，并根据图形设计的需要而有目的地进行创造。

勺子与叉子的同构图形
手替换了人的头和躯干的上半部分

Delicious Harmony

D E S T R U   C T I V E S

■变象同构

变象同构在图形设计中，是一种按照一定的目标，利用形的相似性，把一种形象逐步变化成另一种视觉形象的过程。依照变象的过程进行同构，注重于形态之间相互转化的进程，力图从渐变的过程中，寻找有意义的结构与创意，是变象同构在图形设计中的主要方式。自然世界中，这种从无到有、从虚到实的渐变的现象很多。变象正是建立在这种自然原理的基础之上的一种同构方式，它通常表现为渐变、影变、质变和虚实渐变。例如，虚实渐变，即以形象的实形和虚形同时互为渐变，一个形象的虚形渐变为第二个形象，第二个形象的虚形再渐变为第一个形象，虚实转换、图底反转，形成一个共生现象。

爬行的动物 / 埃舍尔

■残象同构

残象同构，倘若对熟悉完整的形体进行有意的破坏，并从中观察想象，必然会发现被破坏了的形体所产生出的一种新的形态，而从另一个角度引发出了新的想法，这就是一种能够引发创造性思维的反向思维方式。如果通过这种有意的破坏，使破坏的过程富有秩序，破坏的结果产生了意义，破坏的本身赋予了形象，则称之为残象。残象同构图形，就是在完整图形的基础上，通过有价值的破坏来产生新的想象，而构造出新的图形。图形设计师常常运用残象手法通过有意识的破坏，推翻固有的含义，并在此基础上创造新的或不常见到的想法和设计。由此，残象同构图形所形成的画面空间，往往具有一种令人感到震惊的力度，这种力度源于对固有物象的质的破坏，同时这种力度使得图形视觉语言的内涵更加丰富，即将被破坏了的部分，通过想象和逻辑思维赋予新的形象，结合成了一个有机的整体。

埃舍尔的作品《婚姻的联结》就是残象同构的典型范例。图中以螺旋形描绘结合，形成男人和女人头像，打破了旧有的视觉形象特色，令人有一种强烈的震惊感和视觉冲击感。

婚姻的联结 / 埃舍尔

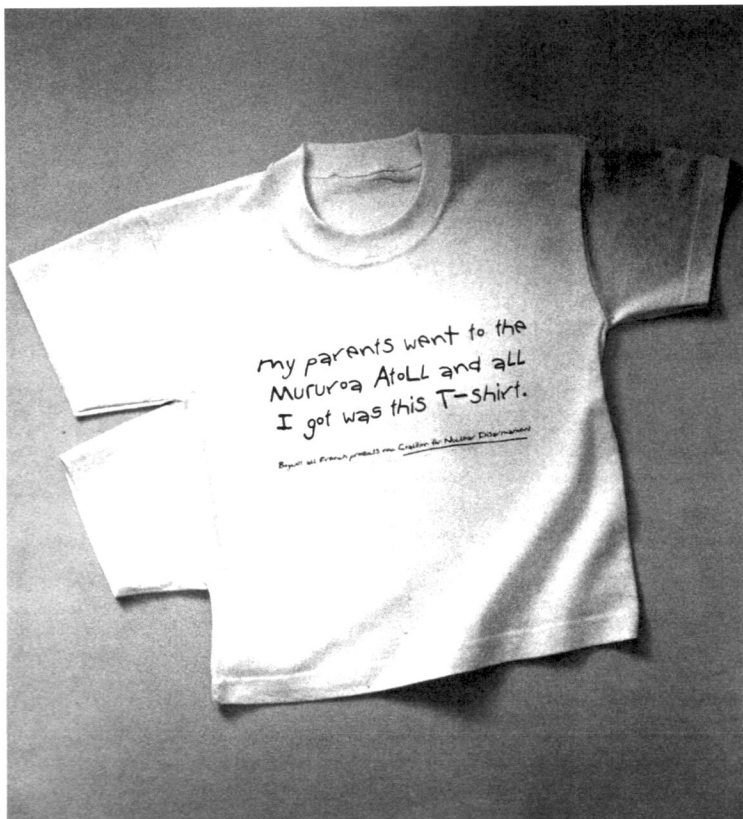

增加的衣袖凸显视觉矛盾

男性有力的臂膀与女性的身躯同构，体现视觉的矛盾与冲击力

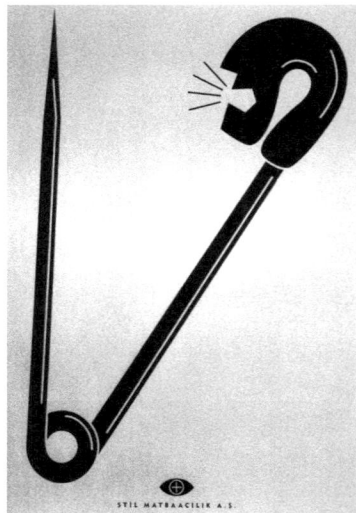

图形设计的表达方法　同构　残象同构　图形设计的类别
图地关系图形　正负形共生图形

图形设计的类别

图地关系图形

■正负形共生图形

图地反转的双重意向空间关系是指图形的正负关系、相互转移、背景向前成为图形或图形退后成为背景，这种转换关系即是视觉艺术中的图地反转。埃舍尔的《白天和黑夜》，从左到右即白昼逐渐变成黑夜，从下到上即大地变成了天空的生灵。我们在惊叹作品的同时，看到埃舍尔利用视觉的相对性"欺骗"了观众。日本著名设计师福田繁雄，也是运用图地反转的双重意向创作了许多优秀的设计作品，把人们没有想到的事物变为视觉形象表现出来，这种图地反转的空间在现代图形中有广泛应用。

共用是指形与形的共存与转化，形体间互相融入对方的形象，形成两形或多形共存的有机整体。有以下几种类型：

白天和黑夜 / 埃舍尔 / 荷兰

和平的面容 / 毕加索 / 西班牙
用鸽子和橄榄枝围出了和平女神美丽的面庞

轮廓线共用

所谓轮廓线共用是指不同的形象在一定条件下，其轮廓线有共性，它们可以整合起来成为一体。这种图形以简练的轮廓线勾划出多种形象，巧妙有趣地表现主题。例如，毕加索的作品《和平的面容》，以和平鸽和橄榄枝构成了女性头部的轮廓，表现了"和平是美好的"这一主题思想。

正负反转共用

以正像为"图"时它的"地"就是负，如果另外的形象与该负像有共同点，相互也能组合起来。正负反转的手法，给人以视觉上的动感，富有风趣地表现主题。例如"鲁宾之杯"是两个人脸与一只杯子的形象：当我们以白色为图黑色为地时，显现的是杯子的形象；当我们以黑色为图白色为地时显现的是相对的两张脸。

鲁宾之杯

图形设计的类别　图地关系图形　正负形共生图形

形象局部共用

在这种图形中，往往有几个相类似的形象共用一个局部，通过这种组合方式，给人以幽默的感觉，从而引起人们的兴趣和注意。敦煌壁画《玉兔飞天》的藻井图案三只兔子的三只耳朵相互借用，简化了图形组合要素。

形象整体共用

这种图形，共用的不是局部，而是整体。整体共用的组合方式，给人以巧合的感觉，也能引起人们的兴趣和注意。

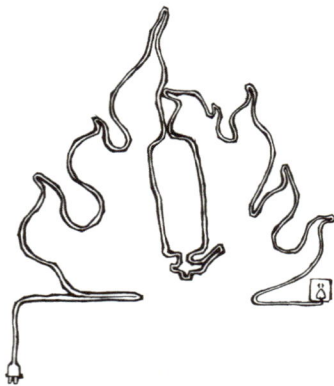

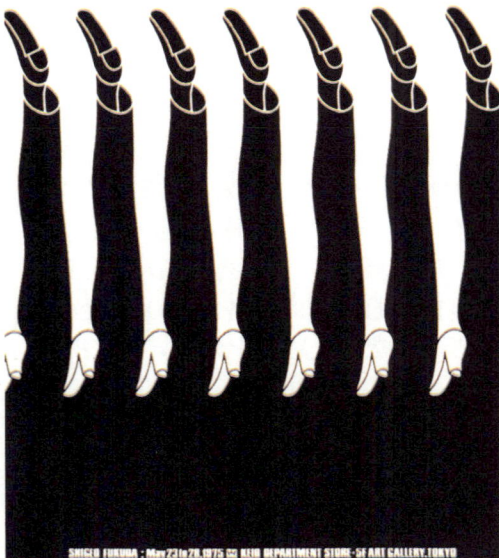

共生图形设计
玉兔飞天／上 1
学生／董晨／上 3
火焰与灭火器的共生，用电线来表达，强调日常生活的安全用电

立体造型中的正负形共生，花瓶的中间空
隙隐藏着一个儿童的身影

标志 / 影画手法表现

■异影同构图形

在光的透射作用下，客观物体产生出与之相对应的影像。然而，由于投射载体的变化，有时会产生与原物体截然不同的影像，运用这样的手段就能创作出影画图形。有时，简洁的影画图形和形影的反差，容易吸引视觉的注意，引起人们的幻想。也正是由于这些奇形怪状的影子，常令人感到十分诧异，在视觉上的吸引就十分强烈。

无论是在绘画还是设计领域中，人们早就懂得运用影子，创造出不同意义与风格的作品。尤其是在印象派绘画中，对光影的描绘表达是艺术家们孜孜不倦的追求。在现代视觉设计领域中，

图形设计的类别　图地关系图形　异影同构图形

设计师对影子的理解和运用已脱离了写实的表现与运用，而更注重赋予它不同的意义来丰富视觉语言，强调创意的多样性，使得影画图形得到更为广泛的应用与发展。

异影同构图形设计
学生 / 高翔 / 上
目瞪口呆

学生 / 钟玥 / 中 1
一箭双雕

学生 / 林竹韵 / 中 2

学生 / 陈成 / 下 1
束缚

学生 / 陈成 / 下 2
兔死狗烹

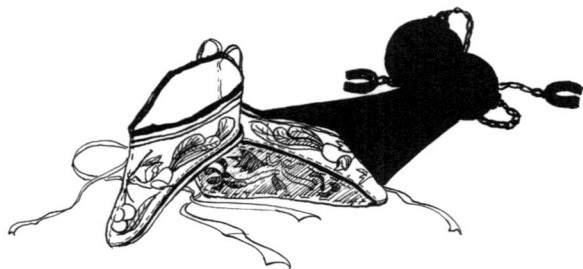

空间关系图形

第一次工业革命成果的推广，在19世纪后期促使欧洲的应用科学突飞猛进，一系列重要的科学发明直接影响了社会生活，迅速改变了人们的生活方式。同时，一场意义深远的视觉革命产生了。

现代艺术的诞生，审美观念的变化又从另一侧面打开了空间意识的大门。与科学技术一样，19世纪末20世纪初的欧洲艺术面临着深刻的危机，现代艺术家与图形设计师们不满足于前人对于自己生存空间的认识，在科学技术的影响和当代哲学思潮的启迪下，对未知世界不懈地探索，创造出前所未有的艺术形式，反映了现代生活的复杂性、多变性和创造性。在这种情况下，科学与艺术汇成的革命性力量，突破了观念领域的陈旧框架,使空间的意识获得了真正解放。各种新的空间形式应运而生，它们表现出新的图形空间形式。

亚威农的少女 / 毕加索 / 西班牙

多视点空间——传统的在二维平面上表现三维空间事物，是以视点位置的稳定为条件的。以毕加索为代表的立体主义则以动态为特征，以不同视点将对象各个侧面综合，创造出新的形态和新的空间。毕加索作品《亚威农的少女》,扭曲的少女形体融入画面前面的背景空间中，透视的空间让位于视点的模糊移动，人像的古典标准被几何的体面代替,体现了毕加索对造型和空间的探索。它的视点的不确定性，图地关系的相对性和解释题材方面的丰富性为图形空间设计开拓了新的方法。

图形设计的类别　空间关系图形　矛盾空间的图形

■矛盾空间的图形

荷兰艺术家埃舍尔在反向思维图形领域中留下的成就，是无人能与之相比的。埃舍尔独树一帜，运用令人折服的反向思维方法创作了许多存在与不可能存在的世界，创造了图形视觉语言中的新空间。他在自己的许多图形上生动地表现了"悖论"、"不确定性"及"双关"的内涵，使一些无法用语言表达的思想通过视觉的语言成为现实，并给我们一种新的视觉思维方式的启示。埃舍尔的图形是对二维平面空间与三维立体空间的歧义，埃舍尔一开始就意识到空间造型都是独特的，他将文艺复兴以来的透视学搁到一边，而以自己的实践证明新的平面透视学的存在，平面上空间的形式具有多种可能性和存在方式。他的许多作品以妙不可言的手法在二维空间中建立了直观的逻辑悖论，其中包含了严密的数学结构，如上升又下降的楼梯，时高时低的流水，不断转换的天空和地面等，揭示了图形空间本身存在的不确定性、相对性与多义性。不确定图形运用反向思维方式，把在三维空间不能成立的事物在二维平面中表现出来，不再是人们正常视觉经验的反应，而是运用反透视、反结构的原理创作出新的视觉语言，使图形能够表现的创意范围更加宽广。《水池》这一图形，表现了水从左上方倾倒下来，汇集到池子里，然后顺着水槽往下流，可拐几道弯后，又回到了原处，造成了视觉上的神秘感和吸引力。

矛盾立方体 / 左
水池 / 埃舍尔 / 荷兰 / 右

61

虚拟同构空间——我们把一个完整形象的各部分之间的合理结构关系称为"同构"。"虚拟同构"就是以貌似同构的组合而形成非现实的结构关系。如在两个连接在一起的立方形中央有多边形，对于这个"多边形"，有时你觉得它属于下边立方体左侧，则下边立方体感觉前凸，有时又觉得它属于上边立方体右侧，则上边立方体感觉前凸，下边的又凹进。这种捉摸不定的空间判断，据说含着某种"宇宙的秘密"。虚拟同构矛盾空间作为一种独特的空间形式，往往能产生出新鲜、意想不到的视觉效果，在图形设计中被广泛应用。

永恒的记忆 / 达利 / 西班牙

■超越现实空间的图形

超现实主义一词即表达一切梦幻魅力、反判精神和不可思议的潜意识。超现实主义对图形设计的影响是多方面的，它创造的新方法表明怎样用视觉语言表达幻想、直觉和人的深层意识。在超现实主义的空间运用中，透视法不是被用于刻板地再现现实空间，而是被用于表现某种特殊心理的意向，因此透视法在这里成为招之即来、挥之即去的角色。超现实主义是在 20 世纪现代艺术活动中出现的，为了寻求超然式或超现实主义的因素，超现实主义也常常借助反向思维的方法，将互不关联的事物并列在一起。超现实主义认为事物形象以及物体的名称之间，不存在非有不可或不可转移的联系。在马格利特所创作的图形中，树叶与鸟结为一体，树叶变成了鸟，鸟又变成了树叶，是树叶还是鸟？人们无法判断这一混合图形。超现实主义的代表人物达利为了表达画中构成的梦幻般的形象及"具体的无理性的形象和最专横的精确、愤怒"，常常从现实生活中存在的具体题材出发，用反向思维的方法，创造出违反逻辑常规与视觉习惯，但最能表现他内心意念的形象。《永恒的记忆》可以说是达利作品中最有名的一幅，也是 20 世纪绘画史中最为人们所熟悉的。有些人将它解释为"表现出无法逆转的时间流逝所带来的强迫观念"。"软"钟表实际上是一次时间新学说的警报，它几乎如同上帝软瘫下去一样，上帝那么坚强的容貌竟如同一块黄油要流淌下来。它实际上宣布了一切事物的内在意义与外在形态的脱离。它的毁灭意义将持续到更久远的时辰之中。从中读出了游戏的奥秘——连"时间"也是人类游戏的一个核心内容。人们用数字刻度所计量的时间几乎形成了一种专制；几乎是威逼人的一部分，与死神有着同样的功效。但在画面中时间只能软瘫，它是水中的一头怪物，怎么也无法爬上岸来。不合理的、幻想的异端，给人们带来了视觉上的全新感受，反向思维的图

马格利特 / 比利时
玻特黎加特圣母 / 达利

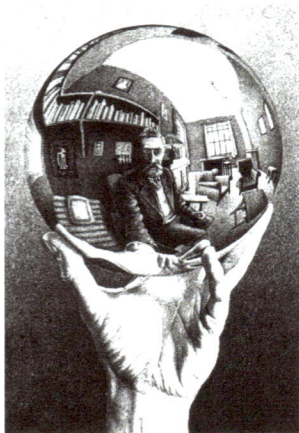

反射的球 / 埃舍尔

形使视知觉产生强烈的刺激。达利的作品《玻特黎加特圣母》中，形体的支解、漂浮，在深度空间中注入了心理的、梦幻的意向。

蒙太奇组合空间——将不同时空、不同场景、不同形式、不同形态的人或物共组于一个画面之中，形成统一有序的新空间关系，以综合、整体的形式传达一种特定的信息，称为蒙太奇组合。只从一个角度观看物体，将很难得到事物本质的展示。当毕加索把一张脸的正面和侧面像结合在一幅画中，把两个不同时间、不同位置的单独物体画在一起时，我们无论如何不能说这是传统的思维方式创作的图形，他打破了客观形象，使不可能的形象成为可能，展示给观者。蒙太奇手法在图形中要比电影制作自由容易得多，且具有奇异巧合的视觉感受，蒙太奇组合空间在图形设计中的应用十分广泛。

任何视觉艺术都重视造型的视觉效果，这是毫无疑问的，尤其是现代图形设计更有条件充分利用视觉。从以上各类空间构成

马格利特的作品，画面表现了超越现实的空间，云朵从门缝里飘进

图形设计的类别　空间关系图形　超越现实空间的图形

中，我们可以得到这样的启示：尽管各种空间形式所追求的具体目的和侧重点不尽相同，但它们有一种共同的趋向和特征，即它们都注意利用视知觉中视点的不确定性和相对性，从而产生出多变的视觉效果。同时，由于视点的转换和交替，对形体的错视和幻觉，视觉残象，歪曲的透视原理等，而产生出了超越平面与立体空间的、纯理性的、梦幻的、绮丽的空间图景。

马格利特的作品，破碎的窗户的玻璃带着远方的景象洒落下来

禁烟标识 / 学生习作 / 林竹韵

鸟的夸大与小孩的比例形成了一种超越现实的空间关系

■维度混合空间的图形

通常人们在描绘物象，追求在二维平面上反映一种三维立体物象时，常运用一种科学透视的法则来表达。在现代绘画和视觉设计中，有些画家和设计师抛弃了这种科学的透视法则，常常借用视觉上的二维空间原理，来创造并显现三维的视觉空间，形成了混维图形的构形方法。其在具体的表述过程中，是二维空间的三维化，除写实的表现技法之外，还常有些意识的三维化的表现。在二维的平面上描绘出深度的三维空间，又以三维为基础创作出超现实的空间效果。相反，也可以把三维视觉上的物形二维化，人们最常见的三维物体的二维化是剪影。此外，在二维的空间上，利用立体凹凸及空间构成曲面形状描绘出的物体是三维的，而其本身却是二维的。

在现代视觉设计领域中，混维图形的构形方法变得更加奇特、

画面中真实的杯子与杯、碟上的图案发生了混合维度的关系

更加复杂了，它不但吸引读者的视觉注意力，还包含了许多发人深思的创意和许多哲学内涵。正常的空间被彻底解体，创造了一个不存在的视觉效果。二维平面与三维立体的结合、转变，使得物体之间构成了一个趣味无穷，而又具有视觉欺骗性的混维空间。

伟大的自由 1989/ 霍尔戈 · 马蒂斯 / 混维图形

非常态的图形

■改变物质性质状态的图形

断置图形——展现是利用物形的中断和分离而获得的。把某种特定的物形中断、分离成不同的层次和分形，这些层次和分形又进而组成一个不同等级的排列，形成奇特的断置图形，既有原物特征，又组合成为新的形态。断置图形最基础的中断、分离，是把整个物形的部分形状确定下来，这些被中断、分离出来的分形又进一步分离，成为较小的物形形状。设计师的创意，就是使这些分离部分产生内在联系，以保持所要表现的物形的完整性，达到形与形之间的相互协调。

人的倒影使用了断置的造型方式

把人们观念中不能断开的物形有意地中断、分离，在各个不同层次上形成由一个或几个分形构成的完整物形，即使分形之间的位置存在一些差异，也不会造成物形的不完整。一只手臂像树木一样折断在你的面前，一把进餐的叉子折断在盘中，这种生活中不应断开的物品在你面前出现，确实展现出一种新奇的观念。断置图形只有在那些被分离出来的形状简化时，才可能有效地吸引观者注意。在一些断置图形中，整幅图形的层次是围绕某些特定的、封闭的分形建立组合的，这些分形的独立性与整幅图形分不开，以至它与整幅图形变成一种支配关系，能确定物形的某一部分而不受其他部分影响。大多数断置图形在构形时，都要对一些断开的形状简化并加以限制，使断开的物形在某种程度上具有一种意义上的完整性，以便使它们依赖于周围的另一个形状或与周围的其他形状达到完美的结合。也就是说，几个断开的形状依附在整体的物形中才具有意义，孤立它们，就像一个中间被打断的音节一样，会失去意义。

将人形像纸片一样卷曲起来，改变了质感

弯曲图形——就是给一种物形施以压力，迫使其产生弯曲变形。这里指的是物体具有可能弯曲的特性和在人们观念中不可能弯曲的物体。能够以机械力弯曲的物形运用在视觉传达设计中，观者会认为不足为奇，然而，在人们观念中不可能弯曲的物形通过二维平面的描绘后，不但令观者惊奇，还会因其摹真的描绘而产生迷惑。

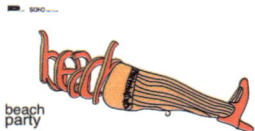

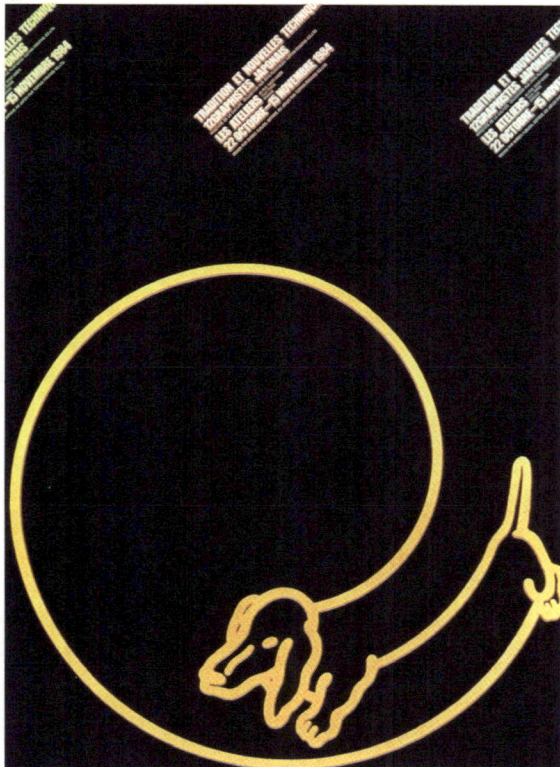

断置、打结、弯曲等各种非常态的图形表现

在视觉传达设计中，对三维立体真实物形施以机械力产生弯曲图形和利用弯曲特性而描绘出二维平面的仿曲图形，经常出现于海报、商标、包装等设计中，可以说，二维平面的弯曲图形是假设的、虚幻的，但它可以描绘得非常逼真，让观者以为看到的是真实的物形，在迷惑之中不能不信服这种不可能的弯曲图形确已展现于面前。

弯曲图形给人以荒诞的视觉效果，尤其在生活常规中，有些不具有弯曲特性的物形通过仿曲设计在二维平面上的描绘，显现出具有三维立体的仿曲图形视觉效果。这种二维平面与三维立体的转换，确实能产生难以想象的奇异神趣。

某种物形的内在张力和特性常通过弯曲的物形而获得，然而使一个二维平面的物形看上去具有三维立体特性，是弯曲图形不可缺少的表现方法。三维立体感的表现除阴影、透视可以获得之外，弯曲图形构形方法同样也可以获得像卷曲的纸等物形的视觉效果和特性。

弯曲图形的表现，往往是通过观者在对以往经验的联想中寻求到的。在一幅通过二维平面描绘成的具有三维立体感的枪管弯曲或一只弯曲了的铅笔的仿曲图形中，这种奇特的构形方法当归功于物形本身所具有的视觉特性，另一方面还要归功于这些物形的弯曲偏离了那些人们观念中早已形成了的物形固有结构。

打结图形——构形方法就是通过借助一个与原有物形相异（但又保留原物形特性）的物形来替代常规中所显现物形，使之获得一种新的特殊的物形。同时，它也可以使几种意义同时存在于一个打结图形之中，以便利用有限的空间来在视觉上传达多义和叠加的信息，获得独特、新颖的视觉效果。

打结图形正是利用其在视觉传达中无法替代的特殊性得以存在。它主要是通过意义的转换来展现物形的特性，传达信息。如足够柔软的绳，你可以使之弯曲成结，这是完全可能和十分可信的。然而将没有足够柔软或在人们观念中不可能成结的物形弯曲成结，在常规观念中就显得不可思议、难以理解了。而打结图形确实可以使你相信，任何物形都能成结，不管是足够柔软的物形还是硬度很强的物形，都可以通过二维平面得以展现。

人们都知道枪管是钢制的，通过人们的手无法弯曲成结，即使是通过机械力使之弯曲成了结，在通常观念中也没有任何意义，你可能还认为那是一种破坏。然而，通过意义的转换后，又可以赋予这支成结的枪以矛盾的特性，如对和平强烈的渴望。这支成结的枪除给观者以惊奇、迷惑和无法想象之外，在视觉传达中它可以准确、灵活地传达某种特殊的信息。

此外，打结图形在具体的表现上，可以使三维立体的物形通过二维平面的描绘产生，也可以纯粹在二维平面中表现二维平面的打结图形或在二维平面中表现具有三维立体特性的打结图形。换言之，打结图形构形方法可以超越材料、空间的限制，通过任何手段来表现。

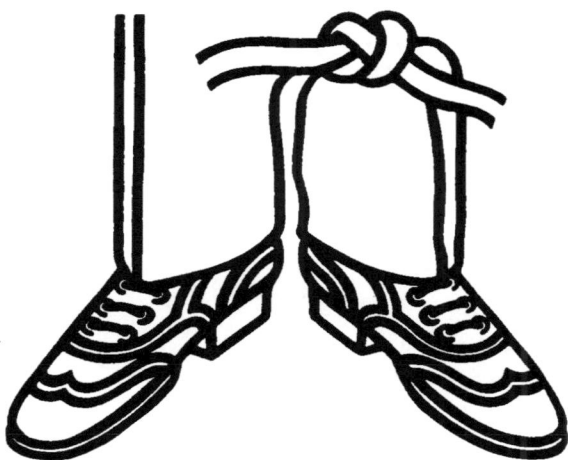

打结的双腿，改变了质感

■叠加的图形

将两个或多个图形，经过各种不同形式的叠加处理，产生多种不同效果的手法称为叠加。在叠加的图形中，将图形相互遮挡构成，可见部分与不可见部分交错而构成的新图形是遮叠；图形相叠构成，各自又保留自身的形象，使人对两形之间所产生的含义引发各种联想的是透叠；一个图形穿越另一个图形，呈现出超现实情景的是穿叠；以一个图形轮廓为衬底，叠加上与之相关或无关的图形称为重叠。

动物头部的叠加图形

■换置同构的图形

换置图形是将看上去似乎毫不关联的物形选择出某一特定方面的关联性，找出物形之间在某一特定意义上的内在联系，通过物形与物形之间在形状上的相近性，按照一定的需要，进行某种特殊的组合和表现，从而产生一种具有新意的、奇特的图形。

通常以生活中的各种物形作为构形要素表现的换置图形，其本身的内容会因异常的组合而突出和转化，在视觉传达设计中传达某种特定信息。这种超常、新颖的视觉构形方法，可以显现出更为深刻的寓意并使观者的内心产生强烈的视觉冲突。

"偷梁换柱"式的换置图形构形方法虽然使物形之间结构关系不变，但经过异常组合后的换置图形在新的物形结构中，因异物组合方法导致了逻辑上的张冠李戴。换置图形的应用加强了人们对事物深层意义的理解，同时也增强了视觉传达的表现力，实现了按常规思维方法已不可能得到的异常转换。如今这一新的表现方法已成为一种新的设计风格，被许多的设计师所应用。

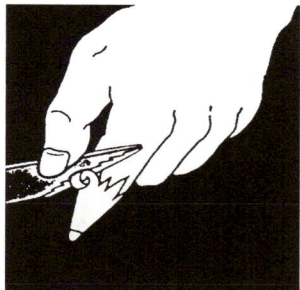

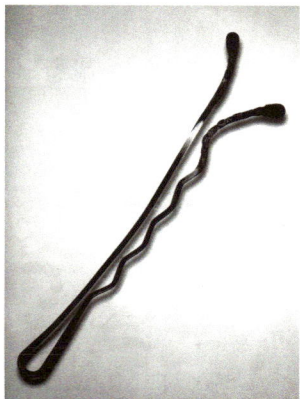

将各种看似不相干的物形结合在一起，实际上它们却存在内在联系

运用换置同构表达方式的图形在招贴、广告中的运用

图形设计的类别　非常态的图形　换置同构的图形　幽默荒诞的图形

■幽默荒诞的图形

相悖——利用相悖与常理的手法处理图形，可使其产生特别的视觉效果。利用透视的作用和特点，在二维平面的图像中从不同的视角观看，出现了不可能存在的三维空间图像，产生出一种视觉的两可性，称为视悖；为达到某种特殊有趣的效果，出现了有悖于常理的手法为理悖；将二维图像与三维图像进行相互转换，产生出真假相错的视觉感，是混维相悖手法的使用。

此外，图形的表现方法还包括使图形能够产生多种歧义、形成荒谬感，或是使图形能够产生延异感等多种手法，在此不一一详述。

谬悖——图形作为一种新的构形方法，最初并不是在视觉传达领域出现，而是在 20 世纪 20 年代崛起的超现实主义画派中开始应用的。在他们的作品中，客观世界的物形具有异常变形的性质，而且存在于杂乱和不合逻辑的结合之中。他们认为艺术创作似乎带有本能的荒谬的性质，而且与常规的逻辑认识没有联系。

谬悖图形构形方法的应用，目的在于打破真实与虚幻，主观与

涂鸦墙 / 火车将要冲出墙面

75

客观世界之间的物理障碍和心理障碍，在显现和重新认识物形中把隐藏于物形深处的含义，通过不着边际的或看似荒唐的偶然结合表露出来。一般来讲，谬悖图形没有什么固定的表现方法，设计时可以随心所欲，凡是生活中的物形都可以予以荒谬、无理的表现。但是这种表现仅只显示出荒谬、无理还不够，设计时还要在视觉上与所传达的信息相融合，这样才能加深谬悖图形留给观者的印象，从而显示出更加深刻的含义。

图形设计的类别　非常态的图形　幽默荒诞的图形

OH . GOD !

幽默荒诞的各类图形表现

77

■肖形的图形

生活中的各种物品都可以成为创作肖形图形的元素，小则图钉大到铁锹，即使我们外出旅游，也常会观察到一些肖形图形，如山的形状像某种动物，某些岩石显现出各种各样的物形等。这种肖形图形是大自然的杰作，虽然它们存在着，但如果不去发现，不去联想，恐怕自然界在我们眼中也就失去了许多魅力。也正是自然界本身存在的肖形的状况，启迪了许多画家、设计师，排除了固有的观念，将这种方法应用在实际创作之中。

肖形图形构形一般有两种：一是二维平面的物形组成的肖形图形；二是三维立体的，也就是生活中现成的物品组成的肖形图形。然而不管怎样，自由发挥想象是创作肖形图形不可缺少的

断裂的鸟笼形成鸟在笼中的图形景象

以各种抽象元素组合而成的人的头像

方法。随便采用生活中现代的物品，便能创作出独特的物形：空的罐子、树枝、扫把等都能创作出朴素、拙气的动物。初看时，这些好像是废弃物，而当你仔细观看组合成的各种形状的物形时，会体味到出乎意料之外的奇趣。

不仅如此，用现成物品创作的肖形图形，还能使观者在组合成的物形与原有物形之间产生往复联想。像用空罐组成的河马，

惟妙惟肖的肖形图形表现

使人看到河马便觉得它像空罐子；看到毛刷组成的鸟，便又使人想到毛刷。一种想象与实物的融合，使观者置身于充满魅力的奇想世界。

惟妙惟肖的肖形图形表现

图形设计的类别　非常态的图形　肖形的图形　图形设计创造性的培养　图形设计课程的作用与地位

图形设计创造性的培养

图形语言是设计作品表达的方式，也是设计作品的视觉中心，正是由于图形在设计中的重要作用，图形语言创造性思维的培养就显得至关重要。图形创意是艺术设计专业的重要设计基础课程，课程的目的就是努力使学生在训练中涉及广泛的内容，注重对视觉艺术语言表达方式的关注和认知，从而使得学生掌握和遵循一定的表达方法和技巧，拓展想象力、表现力，依赖有限的元素题材，进行无限的创造和变化，推开视觉创造之门。以下通过课程单元的训练实例分析，希望对图形创造性思维的培养能有所帮助。

图形设计课程的作用与地位

人们常把图形喻为一种"世界语"，因为它能普遍为人们所看懂，并不同程度地了解其中的含义。究其原因，在于图形比文字更形象、更具体、更直接，它超越了地域和国家，无需翻译，却能实现广泛的传播效应。人类在传达信息时不仅靠口头语言或文字，在图形传达方式上也做过很多努力，即通过视觉传达方式，把计划、构思、设想、方案等利用图形传达出去。图形是传达要素中的重要组成因素，图形是平面设计中的关键，它直接影响了作品的整体效果和内在张力，从而也影响了信息的有效传递。

图形语言的幽默感及表达的张力

以头发进行创意的图形表现

图形一词在英文中称为"graphic"，是一种说明性的视觉符号，是介于文字和绘画艺术之间的视觉语言形式。图形早期的概念是由刻、绘、写、印等手段产生的符号，是具有说明性的图画形象，区别于文字、语言形式，这实际上是"图形"的狭义解释。而广义的理解是，图形通过可视性的设计形态来表达创造性的意念，也就是给设计思想以形状，使设计造型成为传达信息的载体，并且能够通过印刷及各种媒体进行大量复制和广泛传播的视觉形式，即图形是所有能够用来产生视觉图像，并转为广泛信息传达的视觉符号。

现代图形设计几个大的基本因素是：现代社会、现代经济和市场、现代技术条件、现代生产条件等。现代图形设计是多种学科交叉的产物，它超越了一般造型的审美限定，集现代哲学、视觉心理、艺术造型、语言符号、信息传播、市场营销等学科于一体。它以固有的属性，构成了现代信息传播中的特殊文化现象。加拿大传播理论家马歇尔·麦克鲁安曾说："现在，社会已由文字文化转为图形文化。"图形文化正在逐步地改变着

图形在墙面以及服装上的表现

千百年来人们习惯了的文字表述方式，它以超地域、超时空的全球性语汇，给不同语言背景下的民族提供了更为方便的交流方式，几乎成为世界性信息传播的主要交流形式。

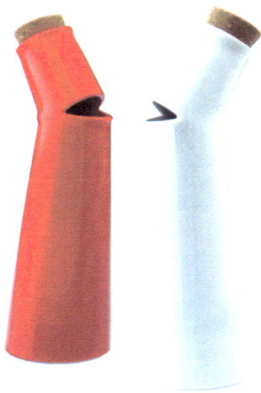

现代图形在多元、交叉的信息环境里，有针对性地选择信息源和信息的传达方式，对获得理想化的传播效果是非常关键的。这就要求设计师在设计时首先要明确被传达的对象，了解被传达者各方面的情况，选择恰当的图形表达方式，做到有的放矢地设计，才能够使被传达者清楚地了解图形所传达的意义，从而使双方在心理上产生共鸣，起到良好的视觉传达的作用。在现代信息产业迅猛发展的时期，各种图形信息纵横交错，充实着人们生活的各个领域，为使自己的设计能从杂乱的环境中凸显出来，强调图形设计的定位显得尤为重要。可以这么说，现代图形既不是一种单纯的标识、记录，也不是单纯的符号，更

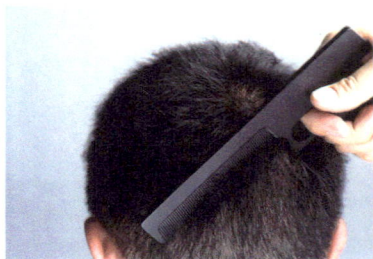

图形的创意在各类产品设计中的表现

图形设计创造性的培养　图形设计课程的作用与地位

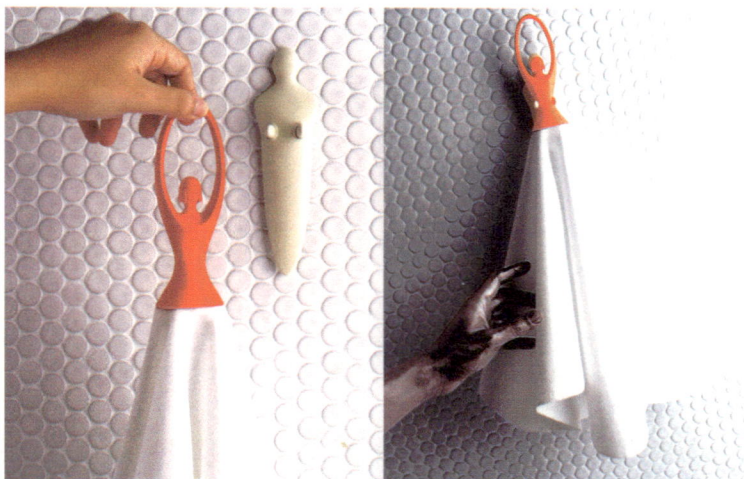

刷子在使用时的舞动以及擦手的毛巾犹如舞者的长裙，给生活增添了情趣

具有磁铁功能的文具摆件很好地收纳了曲别针、大头针等零碎的物品，并巧妙地仿生设计成小刺猬的形象

不是单一的以审美为目的的一种装饰，而是在特定思想意识支配下的对某一个或多个元素组合的一种刻画和表达形式，有时是美学意义上的升华，有时是富有深刻寓意的哲理，给人以启示。

通过视觉进行的所有传达行为，无论是在古代还是现代，作为人的本性，从本质上没有变化。如咒术、节日的表现形式、手语、语言的形象化或作为视觉文化象征的建筑物、徽章、

换置同构图形在日历设计中的表现，趣味横生

图形设计创造性的培养　图形设计课程的作用与地位

旗帜、标识以至哑剧、舞蹈等，这些在人们的生活中都有很深的基础。由上可知，视觉传达这种凭借视觉性记号进行的传达行为，是相对于靠语言进行抽象概念传达而言的，其本质是感性的形象传达，把要传达的内容用最简洁的形态变换成醒目、明了的图形语言，达到视觉造型上的升华。在当今复杂而发达的信息社会中，这些形似简单的图形语言其实效作用和内涵却越来越丰富。

图形创意不等于是美术作品。美术作品的主要功能是审美性，美术家进行美术创作，主要是着眼于美术作品本身，通过美术作品来反映自己的思想感情，以引起欣赏者的共鸣。而图形创意的主要功能是说明性，设计师进行图形创意，主要是着眼于传播，设计师通过图形的大量复制和传播，来传达特定的信息、思想和观念，以期为传播对象所广泛接受。

图形不等于是平面设计。图形创意过去往往是在平面上进行的，随着科学技术的发展，使图形的设计手段由平面的绘、写、刻、印扩展到摄像、电脑等，信息的载体也由平面的印刷品扩展到电影、电视等立体的、声光综合的活动形象，从而使图形创意超出了平面设计的范围。

图形具有很强的传达信息、思想和观念的功能

图形设计创造性的培养　图形设计课程的作用与地位　思考与练习

作业内容：为了强化学生的创造力，在常见素材中寻找新的突破点和视角，训练多角度观察与表现事物。

作业要求：要求学生对生活中常见的杯子进行想象训练，可以对杯子进行任意的发想，角度要独特。

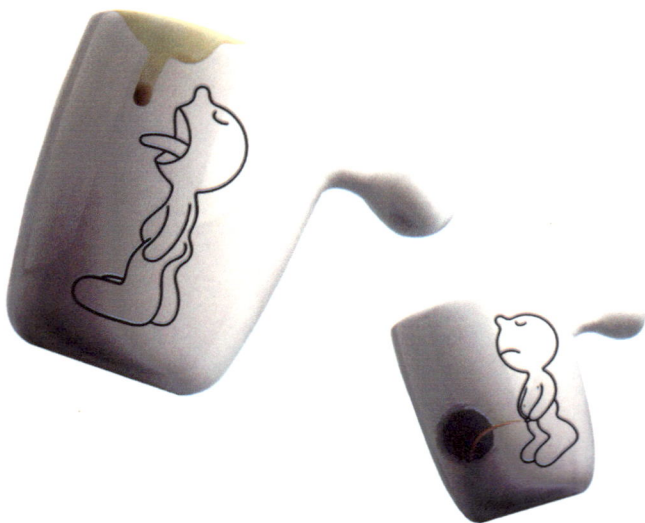

学生 / 杜萌萌 / 视传 0702/ 上
学生 / 李梦洁 / 视传 0702/ 下

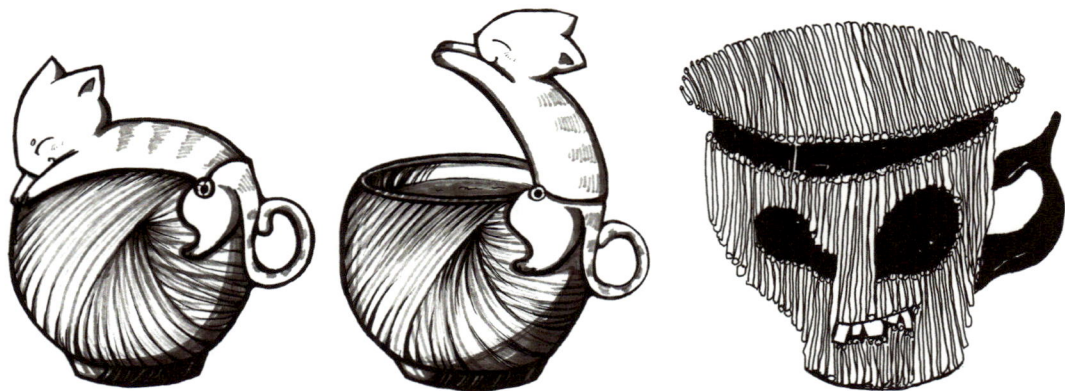

学生 / 任晓谯 / 视传 0702/ 上 1、2
学生 / 钟玥 / 视传 0702/ 下 1
学生 / 陈成 / 视传 0702/ 下 2、3

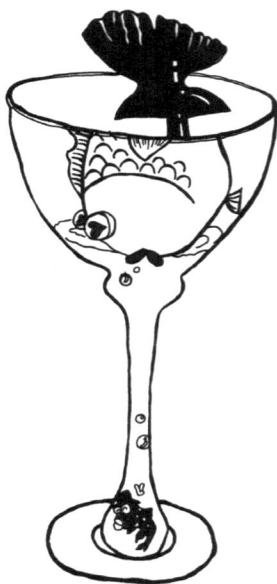

图形设计创造性的培养　图形设计课程的作用与地位　思考与练习

学生 / 林竹韵 / 视传 0702/ 上 1
学生 / 张欣璐 / 视传 0702/ 上 2
学生 / 寇杨杨 / 视传 0702/ 中
学生 / 李君慧 / 视传 0702/ 下 1
学生 / 杜萌萌 / 视传 0702/ 下 2

图形的游戏性

图形的游戏性，重在从趣味的角度出发，用非自然的构合方法，将客观世界人们所熟悉的、合理的和固定的秩序，移置于逻辑混乱的、荒诞反常的图像世界之中。在这里，毫不相关的物形可以构合在一起，显示出新的非逻辑的联系，从而突破原有物形意义的局限，使新的意义表现出来。强调图形的游戏性，目的在于打破真实与虚幻，主观与客观世界之间的物理障碍和心理障碍，在显现惊奇和重新认识物形中把隐藏于物形深处的含

图形设计创造性的培养　图形的游戏性　思考与练习

义，通过不着边际的或看似荒唐的偶然结合表露出来。但是这种图形的表现仅从趣味的角度出发还不够，设计时还要在视觉上与所传达的信息相融合，这样才能加深图形留给观者的印象，从而显示出更加深刻的含义。

■思考与练习

作业内容：为了加强学生的幽默感，培养学生设计时的轻松心态，要求学生从趣味的角度出发，将客观世界人们所熟悉的、合理的和固定的秩序，移置于逻辑混乱的、荒诞反常的图像世界之中。

作业要求：1.要求学生选择感兴趣的素材，进行有情节的故事创意，并用画面片段表现出来。

2.为特定场所设计公共标识一套，强调场所的特殊性，以及标识的趣味性。

选择感兴趣的素材进行创意
学生 / 杨姣 / 广告 0802/ 左
学生 / 付雅萍 / 广告 0802/ 右

选择感兴趣的素材进行创意
学生 / 岳鹭 / 广告 0802/ 上
学生 / 姚亭如 / 广告 0802/ 下

图形设计创造性的培养　图形的游戏性　思考与练习

·停车场·

·情侣座·

酒吧标识设计 / 一套
学生 / 林弘 / 广告 0801

·吧台·

·露台·

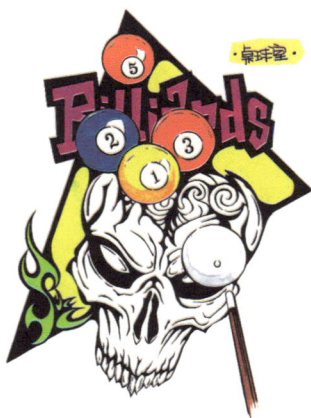

·桌球室·

·棋牌室·

·拒绝毒品·

·洗手间·

安全出口
EXIT

WC

NO SMOKING

图形设计创造性的培养　图形的游戏性　思考与练习

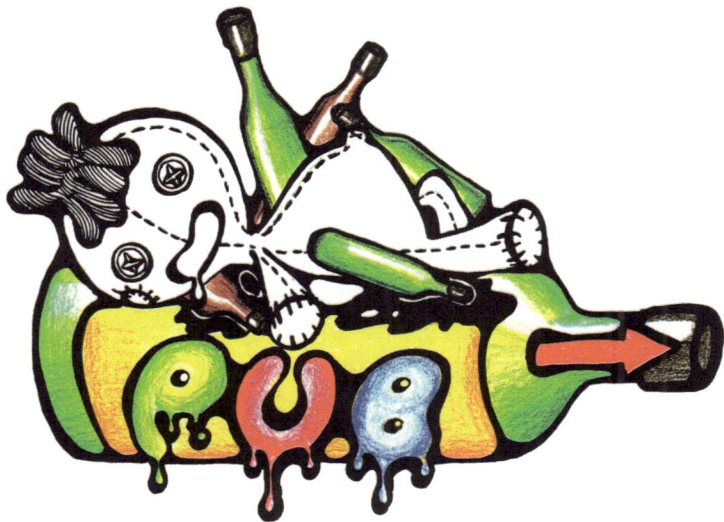

玩具城标识设计 / 一套
学生 / 杜丹瑶 / 广告 0801

图形的空间性

平面设计的名称限定了我们对平面设计的认识是二维的而不是三维的，多少年来我们对平面设计的认识切入的角度往往比较狭隘，总是对空间进行二维的限定。而事实上，我们对二维空间的反应也是受多方面因素制约的，诸如人的双眼扫描时的视角差异，扫描时移动的轨迹、方向、距离、时间、速度以及经验，都会影响我们对二维设计的整体知觉，并使之受到制约。因此，我们对平面设计的认识教育和学习也应该是多维的，随着设计教育的发展，今天平面设计被调整为视觉传达设计，这大概也是原因之一吧。

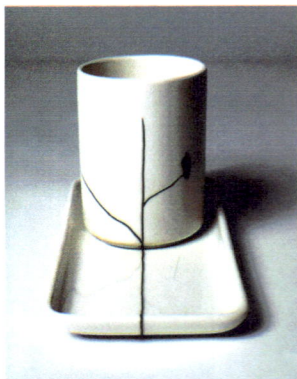

绘制在杯子上的图形充分地考虑到杯子的结构特点以及杯、碟之间的关系，将图形的趣味性展现得淋漓尽致

将图形画在与其意义相关的物形上，而不是画在平面的纸上。会令人对其三维立体物形与二维平面图形的差别产生迷惑，有时还会欺骗观者的眼睛，以为是与三维立体物形同时存在的一部分。画身，是生活在热带大洋洲人的普遍习俗。平时，仅在肩和脸颊上画上几笔，每逢宴会、舞会、节庆，就要认真用各种颜色将各种物形涂满全身，以示兴奋和隆重。纹身是画身的发展和延续。画身虽然美观却不持久，由于希望美丽的图纹永远背负于身，便产生了纹身，也就是用刀或针划伤皮肤，使之留下伤疤或在其中填入颜色组成各种各样的图纹。现代视觉传达设计中，图形的空间性的应用与画身、纹身有很大区别，因为在任何二维平面和三维立体物形上画图形都比以往的画身、纹身有更大的自由。它已成为视觉传达设计中一种独特的构形方法，以吸引观者、欺骗眼睛为目的，尤其再附以幽默和强调，就愈发显现其奇特的魅力。

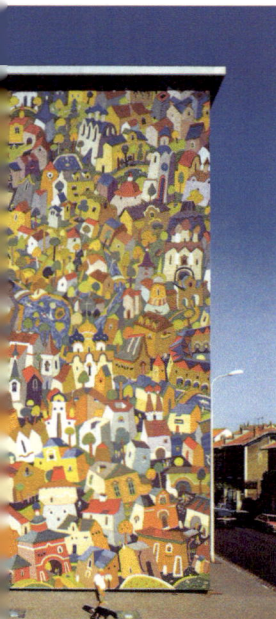

涂鸦墙上的图形绘制，表现了另一个深度空间

图形在各类空间环境中的视觉表现

102

图形设计创造性的培养　图形的空间性

图形在产品以及环境空间中的视觉表现

图形在包装上的应用，充分地考虑包装结构特点与图形趣味性的体现

图形设计创造性的培养　图形的空间性

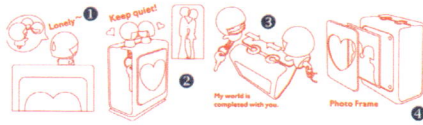

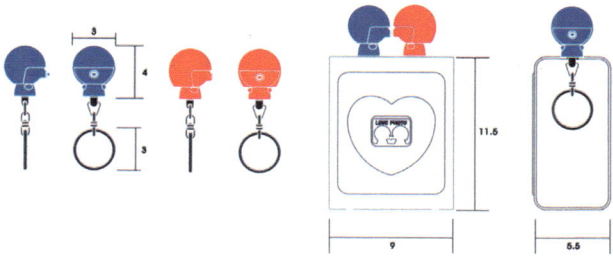

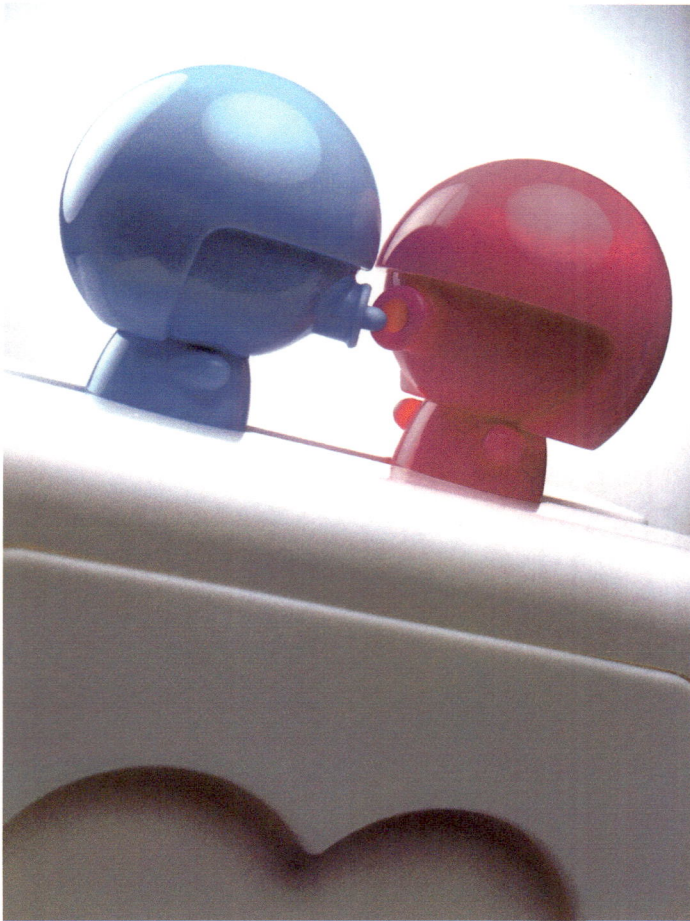

图形创意在产品设计中的应用，充分地展
现了图形的空间特性以及图形语言的无限
表达空间

■思考与练习

作业内容：为了加强学生在设计中空间意识的培养，使他们能够从多角度、多视点来进行创意，创造出多维化的设计作品，拓展设计思路与设计空间。

作业要求：空间意识的培养，对图形创意具有重要的意义和价值，要求学生对立体的物象，运用平面设计的方法进行创意，对于平面的物象要有立体思考的角度。

"心"形图形想象
学生 / 姚亭如 / 广告 0802

图形设计创造性的培养　图形的空间性　思考与练习

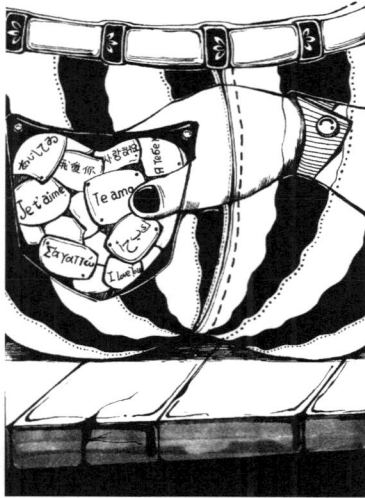

"心"形图形想象
学生 / 梁润娟 / 广告 0802
The heart&the world
穿着爱情
爱情天注定
禁锢的童年
假如相信网络有爱

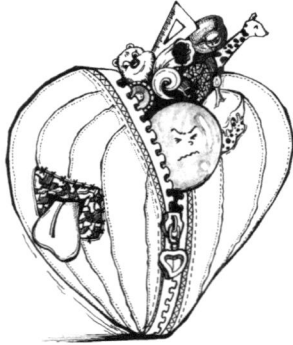

"心"形图形想象
学生 / 梁润娟 / 广告 0802
The heart&the world
心的尺度
心将
情书
走在一起的爱

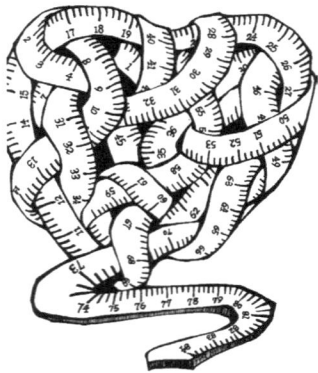

The length of the heart ....

"心"形图形想象
学生 / 杨姣 / 广告 0802
花心
爱心把手

图形设计创造性的培养　图形的空间性　思考与练习

"心" 形图形想象
学生 / 杨姣 / 广告 0802
用心维护
心蜗

"心" 形图形想象
学生 / 林弘 / 广告 0801
毕竟每颗心仅是我们自己的事
因为相信情感照亮生活
在心里绽放的美丽
承载你到达每个想象的角落

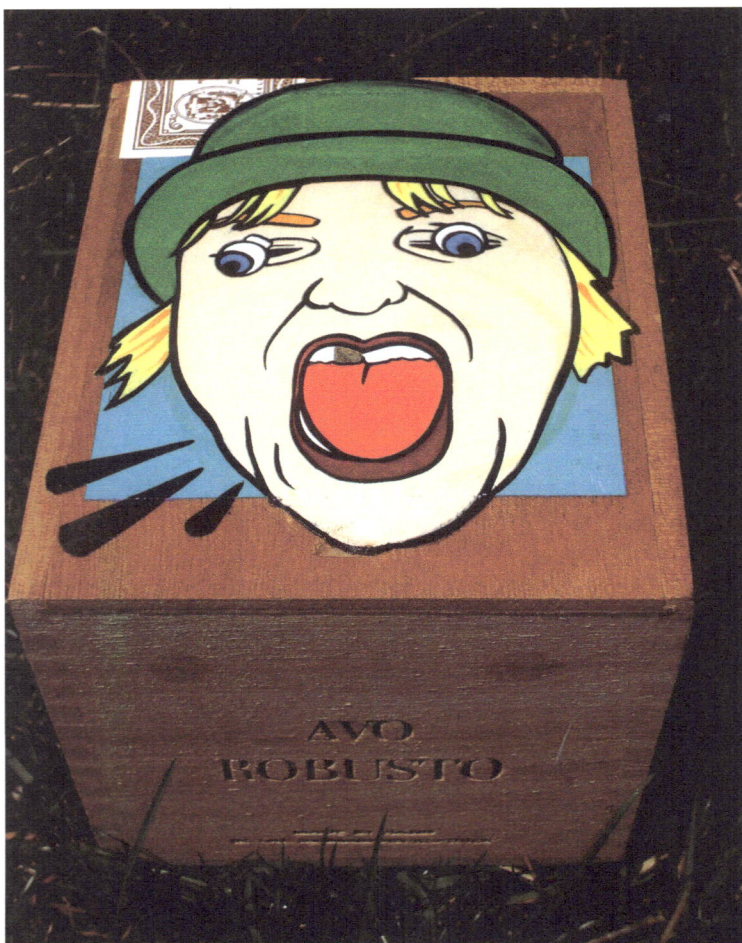

绘制在物体表面的图形 / 要求充分考虑到物体的结构特点

学生 / 侯文 / 视传 0802/ 下 1
绘制在电灯开关上的老鼠夹，巧妙地利用了电灯开关时，按钮上下翻动的特点

学生 / 黄凤玲 / 视传 0802/ 下 2、3
绘制在拖鞋表面的图形

学生 / 刘金玲 / 视传 0802/ 上 1
学生 / 王楠 / 视传 0802/ 上 2
学生 / 张琪 / 视传 0802/ 中
绘制在杯子上的图形，巧妙地利用了杯盖、
杯身、把手、碟之间的关系

学生 / 李博瀚 / 视传 0802/ 下
绘制在椅子表面的保龄球。
绘制在手提袋表面的雨伞，巧妙地利用了
拎手与伞把的相似之处

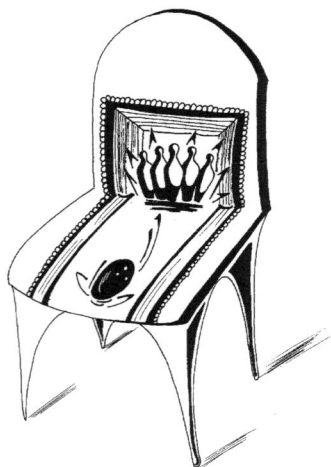

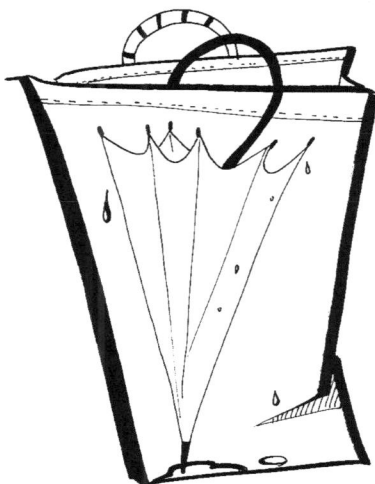

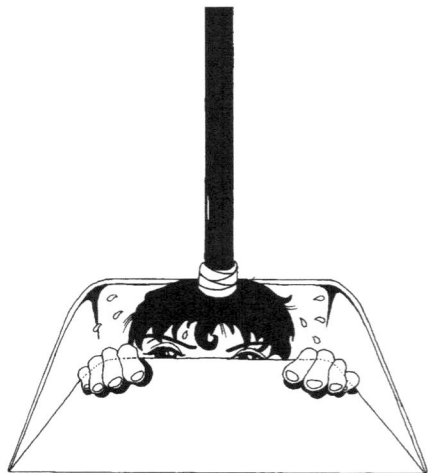

学生 / 黄莉 / 视传 0802/ 上
绘制在盘子表面的小孩水上滚球，溅起朵
朵浪花，这个形很好地与盘子的结构联系
起来，并将盘子上搁筷子处开两个凹槽，
使筷子不易滑落

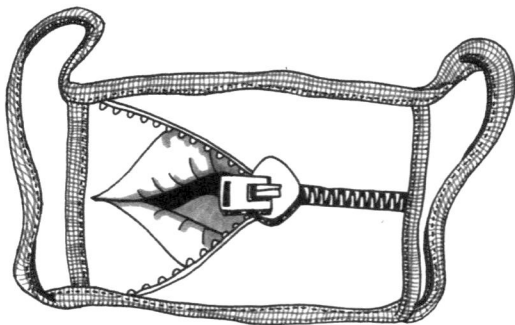

学生 / 张琪 / 视传 0802/ 下
在口罩上绘制，将张口说话的嘴上加了拉
链，符合口罩的特质。
在帽子上运用了异影的方法，将羊的影子
变成了狼

图形设计创造性的培养　图形的空间性　思考与练习

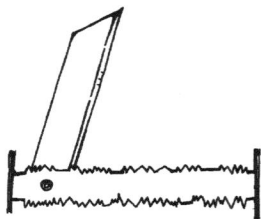

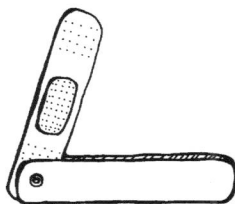

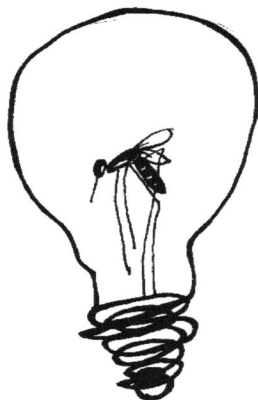

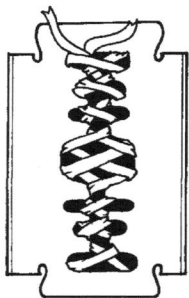

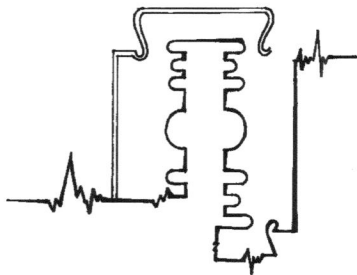

感兴趣素材的想象
学生 / 耿玉基 / 视传 0802/ 上
学生 / 梁菁 / 视传 0802/ 右
学生 / 王楠 / 视传 0802/ 下

图形在产品设计中的应用

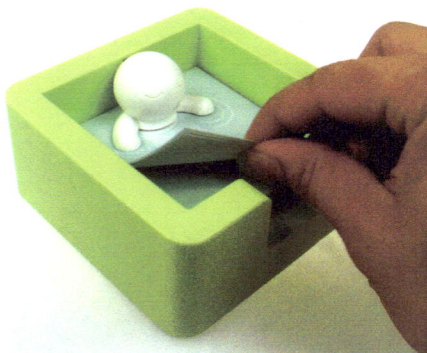

Autumn 06 **SPAN**

Cool collection

バスルーム市場を変えるコスミック(Cosmic)の革新的
アプローチ

、洗面ブラシホルダーといった、それまでは単調だった
。デザイン性を重視し、世界市場に向けた商品質な製
ます。

品を置くコスミックは、独自にデザインスタジオを持ちながらも、
Fernau)といったトップクラスのフリーデザイナーやカルロス・フェルス
す。コスミックがオファーについて説明するときは、さらに製品が喜びを与え、bath experiences(バ
はならないことを伝えます。その創作プロセスは、クライアントや消費者
報を集めることによって、市場の潜在的ニーズを探ることから始まります
デザイナーとワークショップセッションを重ね、新しい
がまとまり、すぐにそれは立体デ
ョルとの綿密な

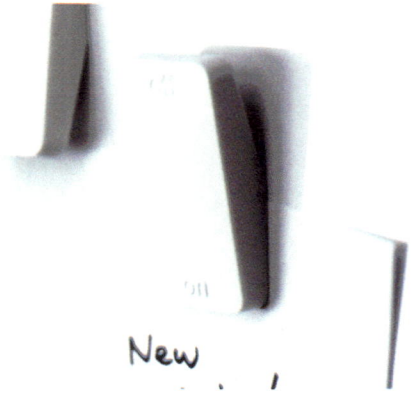

New

"肚皮碗"

"水滴碗"

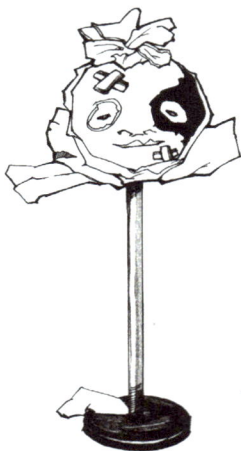

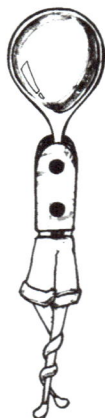

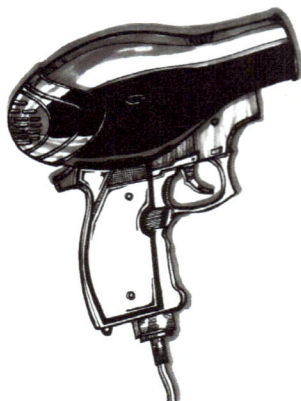

图形设计创造性的培养 图形的空间性 思考与练习

创意小产品设计
左页
学生／杨姣／上左、上中／碗
学生／岳鹭／上右／刀
学生／王楠／中／纸卷架、勺子、垃圾桶
学生／梁润娟／下左／餐具支架
学生／刘颖／下中、下右／趣味吹风机、
刀架

右页
学生／林弘／上、中／文具设计
学生／林弘／下／餐具设计

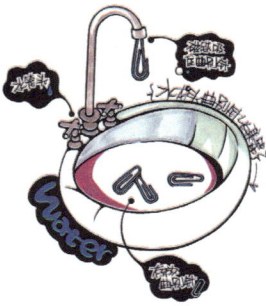

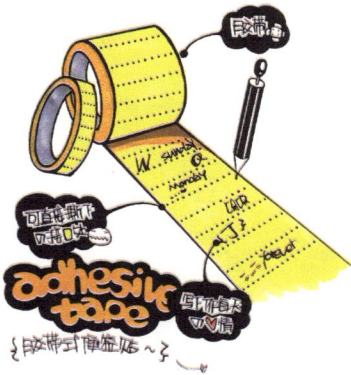

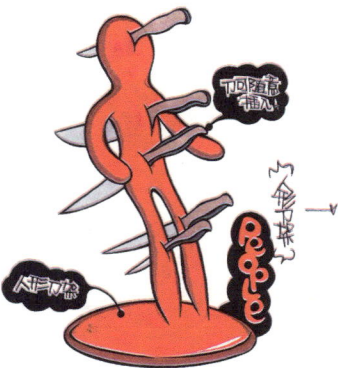

图形设计创造性的培养　图形的空间性　思考与练习　图形的民族性　思考与练习

图形的民族性

民间工艺作品是民间艺人经过长期积累创造出来的，其艺术形象生动鲜明，是图形设计的丰富素材库。其中平面的如木版年画、剪纸窗花、剪影肖像、皮影戏人物造型等；立体的如彩塑泥人、布娃娃、布老虎、木偶戏人物造型、雕刻等。这些都是图形设计的素材来源。中外传统艺术，包括戏剧、舞蹈、摄影、绘画、雕塑等，有许多艺术成果，其形象优美，且为众多群众所熟悉。以这些艺术形象作素材，也不失为一种创作资源。利用传统的素材设计创作，不但突出了民族风格，而且反映了悠久的文化传统和深厚的文化底蕴。只有民族的才是世界的！

■ 思考与练习

作业内容：为了加深对民族元素的理解，寻找民族元素中典型的表现手法或风格特点，结合现代素材加以表现。

作业要求：要求学生融会贯通，关注传统文化，并汲取其中的精华，将民族元素与现代设计紧密、自觉地结合起来。

抽象的图形应用在靠垫上

动画短片
——《卡洛迪游戏》
学生 / 苟丽洁
指导老师 / 过宏雷、
江明、魏洁

作品用造型大胆的独特形象、梦幻般的场
景设计、明媚绚丽的色彩组合和巧妙的镜
头切换，创造了一个充满想象的奇妙世界

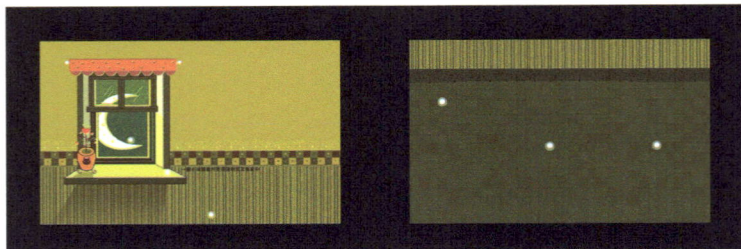

图形设计创造性的培养　图形的民族性　思考与练习

新的媒体技术给视觉传达设计带来了新的挑战，也带来了新的活力。读图时代的来临为图形表达提供了更多的机会，也提出了更高的要求。相对于传统的平面设计，多媒体以动态的方式，使图形的变异和空间的转换达到另一个新鲜层面。

"卡洛迪游戏"就是一个尝试用图形语言在新媒体上寻找新的表达方式的作品

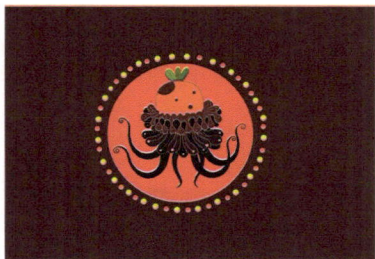

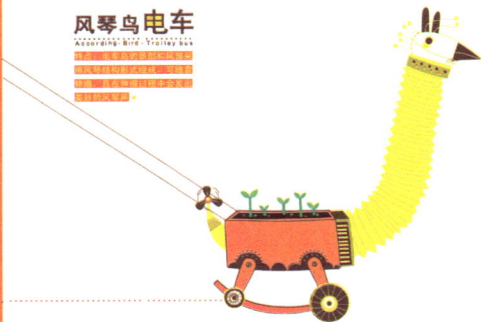

风琴鸟电车
Accordion Bird - Trolley bus

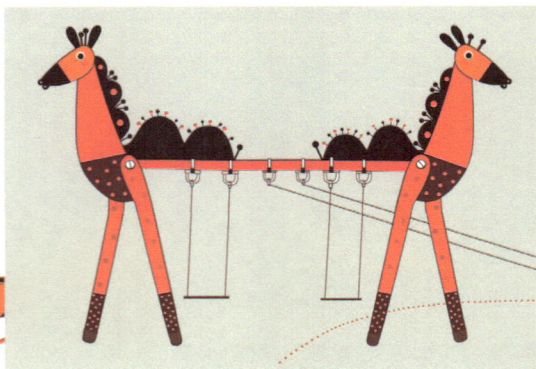

红信箱
RED MAILBOX

图形设计创造性的培养　图形的民族性　思考与练习

对于传统元素云、水、火、万字、如意进
行再设计的转化
学生 / 刘明轩 / 视传 0802
将传统纹样用极现代的手法演绎，表现得
也很生动有趣

对于传统元素万字进行再设计的转化
学生 / 刘金玲 / 视传 0802/ 上 1
学生 / 刘颖 / 视传 0802/ 上 2、3
将剪纸的手法演绎，叠加到万字之中，表
现生动有趣

对于传统元素如意纹进行再设计的转化
学生 / 单蕾 / 视传 0802/ 中 1
学生 / 刘明轩 / 视传 0802/ 中 2
学生 / 张琪 / 视传 0802/ 中 3
将现代的公路、唐僧师徒、"五福"，叠加
到如意形之中，表现生动有趣

对于传统元素火纹、如意纹进行再设计的
转化
学生 / 刘金铃 / 视传 0802/ 下 1、2
学生 / 刘颖 / 视传 0802/ 下 3
对于火纹的联想，表现生动有趣；对于如
意纹的想象，设计了创意小产品

图形设计创造性的培养　图形的民族性　思考与练习

对于传统元素云纹进行再设计的转化
学生 / 刘颖 / 视传 0802
对于云纹的联想，从留声机中飘出的云朵，
形意结合得很巧妙。
以极为现代有趣的插图形象作为云纹的叠
加图形，传统与现代对比鲜明，别具一格

学生 / 任潇 / 视传 0802
轻轻地飘动的云，图形表达得很轻松

学生 / 张琪 / 视传 0802
学生 / 王楠 / 视传 0802
将可爱的小天使以及轻柔的羽毛叠加在云
纹中，形象地表达出云朵轻轻飘动的感觉

对于传统元素水纹进行再设计的转化
学生 / 刘金玲 / 视传 0802/ 上 1
学生 / 张琪 / 视传 0802/ 上 2
学生 / 华秋紫 / 视传 0802/ 中 1
学生 / 张琪 / 视传 0802/ 中 2
学生 / 刘颖 / 视传 0802/ 下 1
学生 / 刘金玲 / 视传 0802/ 下 2

由于骏马奔腾和波涛澎湃的相似，所以把
奔马的形象叠加在水纹之上

鱼水之间千丝万缕的关系，解不开的情缘，
这样的结合再适合不过了

126

图形设计的应用表达

图形语言是视觉传达设计中的基本表达方式，它广泛地应用于视觉传达设计的诸多领域，在各个领域中又表现出其独特的风貌。同时，随着图形语言表达由二维向三维空间的扩大，图形语言的应用领域也更加宽广，它不仅包括了广告招贴设计、包装设计等，还拓展到了展示设计、建筑景观等领域，即图形语言的应用也从传统的平面空间更多地向立体空间延展。

以下我们通过一些具体的图例，可以更加明晰地展现出图形语言在不同领域的应用。

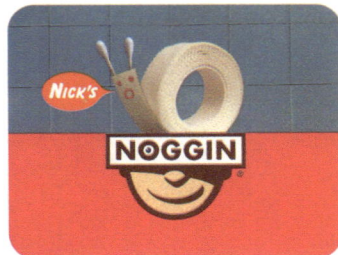

图形设计在服装中的应用。
图形设计在 CD 封套设计中的应用

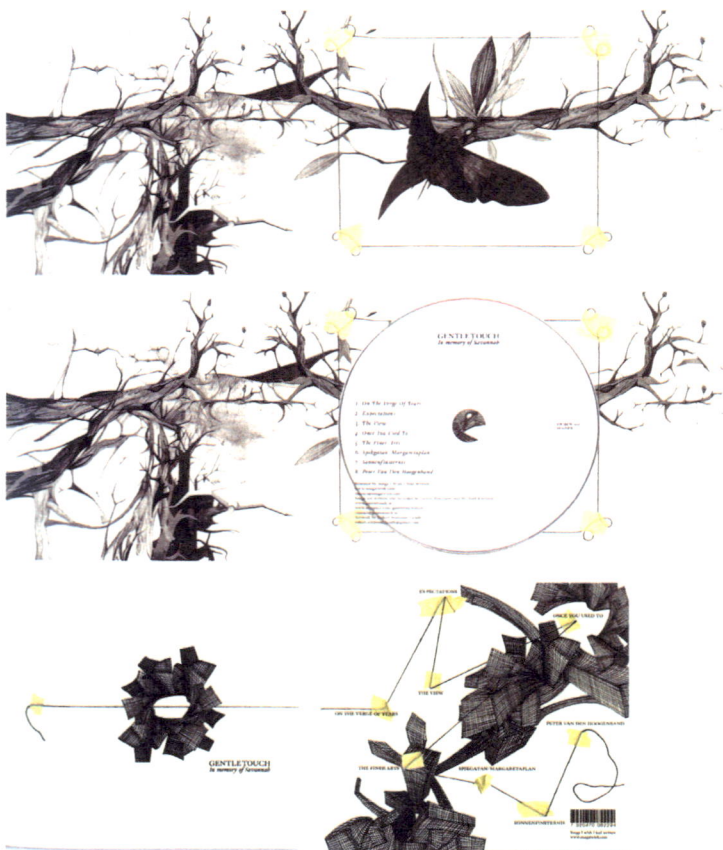

图形设计的应用表达　图形在平面设计领域中的应用

图形在平面设计领域中的应用

广告招贴设计作为一种大众化的视觉传达设计，在现代社会中受到广泛的关注。广告招贴设计要求通过有效的媒体形式，能够准确、快速地将信息表达出来。随着生活节奏的加快，广告招贴设计更侧重于视觉冲击力强，简洁明了，能够使人们在短时间内产生兴趣，同时又具有丰富内涵的设计。图形语言在这方面具有不可替代的优势，这也是图形语言在广告招贴设计中被广泛运用的主要因素。无论是具象的图形还是抽象的图形，作为广告招贴设计中的主要传播元素，可以有效地将设计者所要表达的内容形象化、直观化，从而达到较好的视觉传达效果。

#7 Sigles, mars 2006

运用了拟人手法的文字招贴，使文字的表现形式非常图形化

129

混维图形以其超现实的表现形式，运用在
商业广告之中

图形的换置同构手法运用在商业广告之中

图形设计的应用表达　图形在平面设计领域中的应用

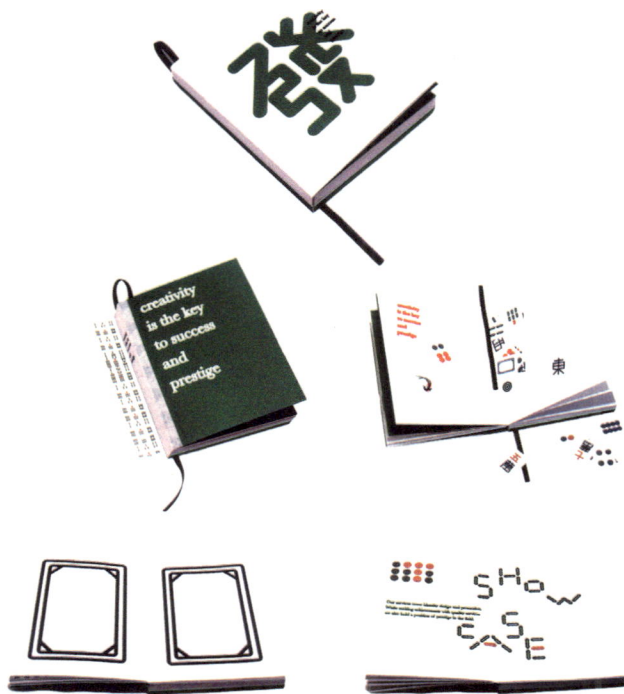

图形语言运用在招贴和书籍设计之中

图形语言运用在插画之中，使用了换置同
构的手法和夸张变形的手法

包装设计本身已经成为一种传达媒体，而图形语言又是影响包装视觉效果的主要因素之一。图形语言在包装设计中既可以通过具象的图形来表现包装产品的真实感、质感，也可以运用抽象的图形来表现具有强烈的视觉冲击力的包装设计。有效的图形语言可以引发人们对包装产品的关注和喜好，在一定意义上能够改变产品的品位和档次。

图形语言运用在产品的包装广告中，视觉效果强烈

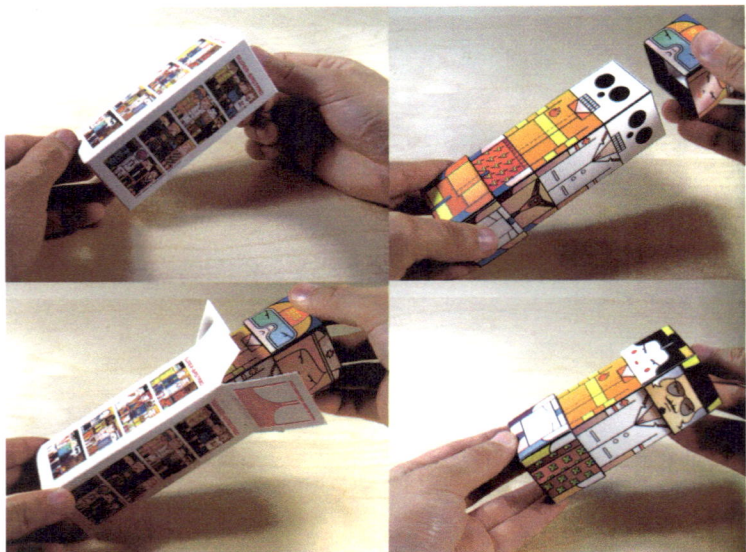

图形语言运用在包装设计之中，卡通形象
鲜明，惹人喜欢，包装结构独特

图形设计的应用表达　图形在平面设计领域中的应用

图形在空间中的应用

伴随着图形语言向三维空间领域的拓展，在注重空间感的展示艺术设计、建筑景观艺术等设计中，图形语言都显示出了自身独特的表达魅力。在立体空间的表达中，图形语言除了有效地传达自身表述的内容外，更强调与立体空间的有机结合、互相协调，亦或是借助立体空间产生的视错觉，创造出颇具趣味的"立体"图形来。

图形语言的立体延展

图形语言在环境空间中的应用，显示出了
自身独特的表达魅力

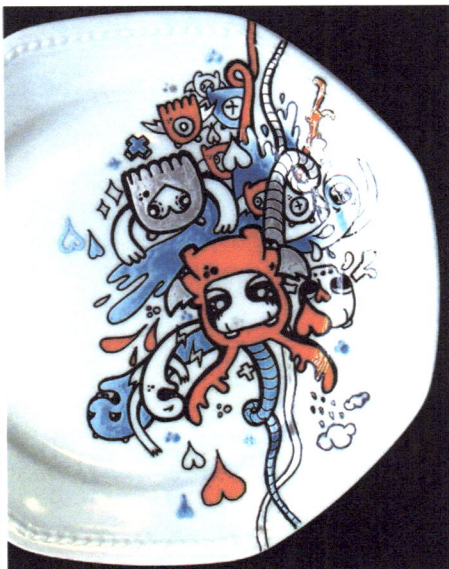

图形语言向三维空间领域的拓展，强调与
立体空间的有机结合、互相协调

图形设计的应用表达　图形在空间中的应用

借助立体空间产生的视错觉，创造出颇具
趣味的"立体"图形来

图形在产品设计中的应用

产品从广义上来说，是人类劳动创造的一切物质资料，其中包括生产资料和消费资料。产品设计除了产品的色彩和形态外，还涉及人体工程学、仿生学、符号学、审美心理及材料工艺等多方面要素。一件好的产品，不但要解决人的实际需要，体现其实用价值，更要给人的精神和情感带来愉悦和享受，因此设计师不仅要对产品的功能作出详细的研究与分析，还应特别注意其产品的语义内涵和社会属性。产品上的图形是产品设计的重要内容，它可与产品的形态、色彩、材质一起形成产品独特的语言，传递给人一定的信息；它也可以作为一种独立的符号，给人以明确的提示或是模糊的感知；当然它还可以是纯粹的视觉表现，作为审美对象被人观赏和品鉴。近年来，工业产品的批量生产使得"同质化"现象日趋严重，产品之间的差异性越来越小，而广大消费者已经厌倦了长期面对统一面孔的产品外观。求新、求变、求特的心理让人们对有着个性外衣的产品十分着迷，因此产品外观视觉表现的重要性逐日凸显，而图形作为在产品上的一种视觉表达手段可以极大满足消费者的心理诉求。

图形的换置同构手法运用在产品设计中

图形设计的应用表达　图形在产品设计中的应用

绘制在鞋子、杯子表面的各类图形，充分地考虑图形表达与物体之间的关系

图形化小人的各种动态与产品功能极好地结合，形成情趣化的小产品

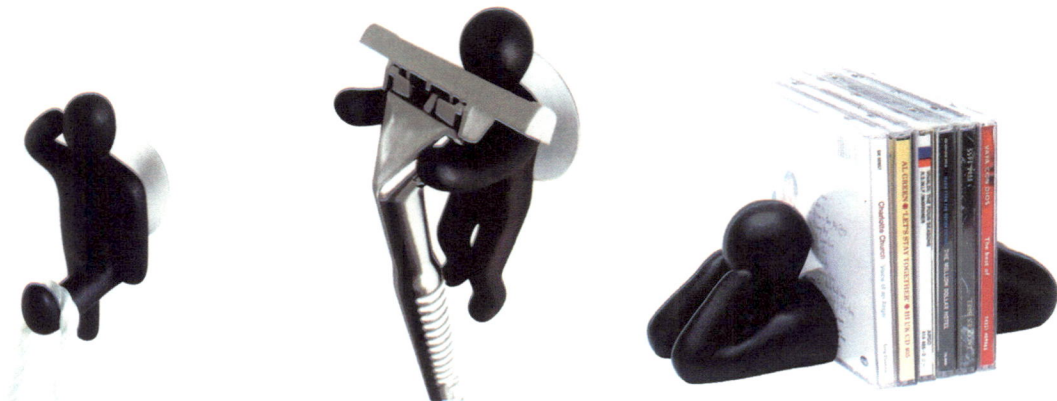

各类情趣化的小产品，将图形的趣味性表达得淋漓尽致，为生活增添了无限乐趣

图形设计的应用表达　图形在产品设计中的应用

参考文献

[1]　夫龙.现代图形.河南美术出版社，1992.

[2]　林家阳.图形创意.黑龙江美术出版社，1999.

[3]　李砚祖.装饰之道.中国人民大学出版社，1999.

[4]　刘巨德.图形想象.辽宁美术出版社，1994.

[5]　辛敬林.现代图形设计.西南师范大学出版社，2000.

[6]　王受之.世界现代平面设计史.新世纪出版社.

[7]　陈望衡.艺术设计美学.武汉大学出版社.

[8]　奚传绩.中外设计艺术论著.上海人民美术出版社.

[9]　布鲁诺·恩斯特.魔境——埃舍尔的不可能世界.上海科技出版社.

[10]　（英）马尔科姆·巴纳德.艺术、设计与视觉文化.江苏美术出版社，2006.

[11]　（美）梅格斯.二十世纪视觉传达史.湖北美术出版社.

[12]　（英）贡布里希.艺术与错觉——图形再现的心理学研究.湖南科技出版社.
　　　部分作品引自国内外专业书籍。

本书在论述的过程中引用了一些来自国内外设计同行的相关论点和作品，由于时间仓促，未能与所有作者取得联系。在此表示真诚的歉意与衷心的感谢。

图书在版编目（CIP）数据

图形设计／魏洁著．—— 2 版．——北京：中国建筑工业出版社，2009（2025.2重印）
高等艺术院校视觉传达设计专业教材
ISBN 978-7-112-11407-8

Ⅰ.图…　Ⅱ.魏…　Ⅲ.构图（美术）－造型设计－高等学校－教材　Ⅳ.J061

中国版本图书馆CIP数据核字（2009）第181215号

责任编辑：陈小力　李东禧
责任设计：董建平
责任校对：赵　颖　刘　钰

高等艺术院校视觉传达设计专业教材
图 形 设 计
（第二版）
魏　洁　著
*
中国建筑工业出版社出版、发行（北京西郊百万庄）
各地新华书店、建筑书店经销
北京嘉泰利德公司制版
建工社（河北）印刷有限公司印刷
*
开本：787×960 毫米　1/16　印张：9½　字数：190 千字
2009 年 11 月第二版　2025 年 2 月第七次印刷
定价：45.00 元
ISBN 978-7-112-11407-8
　　　　（18648）